創客·自造者 工作坊 WORKSHOP

夜市遊戲第一彈

FL-X 雷射槍大亂鬥

Contents

CHAPTER 01

夜市遊戲系列套件簡介 ➡P.4

CHAPTER 02

組裝雷射槍 ➡P.6

CHAPTER 03

組裝靶機 ➡P.26

CHAPTER 01

夜市遊戲系列 套件簡介

打彈珠、撈魚、套圈圈或是空氣槍射氣球是大家都耳熟能詳的夜市遊戲，旗標創客套件將提供一系列的模擬夜市遊戲主題，讓你一邊體驗這些遊戲的樂趣，還可以邊學習程式設計，一步步邁向創客之路。

1-1 夜市射擊遊戲

夜市文化是台灣的特色，夜市遊戲更是夜市重要元素，打彈珠、撈魚、套圈圈或是空氣槍射氣球相信大家都耳熟能詳，夜市遊戲系列將這些遊戲設計成可以自己組裝、設計關卡甚至多人同樂的學習套件，在組裝過程中認識電子零件，再搭配範例或自己撰寫的程式，完成專屬的夜市遊戲機！

很多人常常會到夜市玩 BB 槍射氣球，射中指定數量還可以得到玩具娃娃，相信這也是很多大朋友們的回憶，也是許多小朋友到夜市指名要玩的遊戲，原理是使用空氣壓縮機推動空氣 BB 槍讓 BB 彈能夠擊破氣球，如此暢快的射擊體驗讓人欲罷不能。

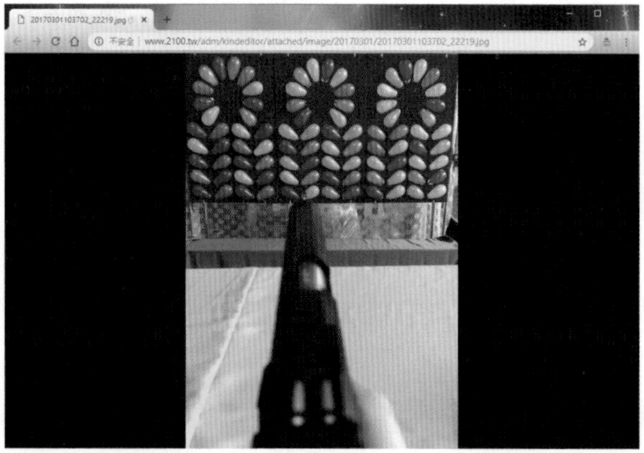

http://www.2100.tw/adm/kindeditor/attached/image/20170301/20170301103702_22219.jpg

1-2 市售 Laser Tag 雷射玩具槍

有別於常見的漆彈或 BB 彈這些實體子彈，玩家利用可發射不可見雷射光的雷射槍相互射擊對方，而每位玩家身上所配戴的接收器便會根據有無接收到雷射光來計分並發出聲音、震動等回饋，這樣的遊戲方式即稱為『雷射對戰』(Laser Tag)，也因為沒有實體子彈的射擊疼痛風險，雷射對戰也就相對安全很多，更適合大小朋友一起遊玩體驗。

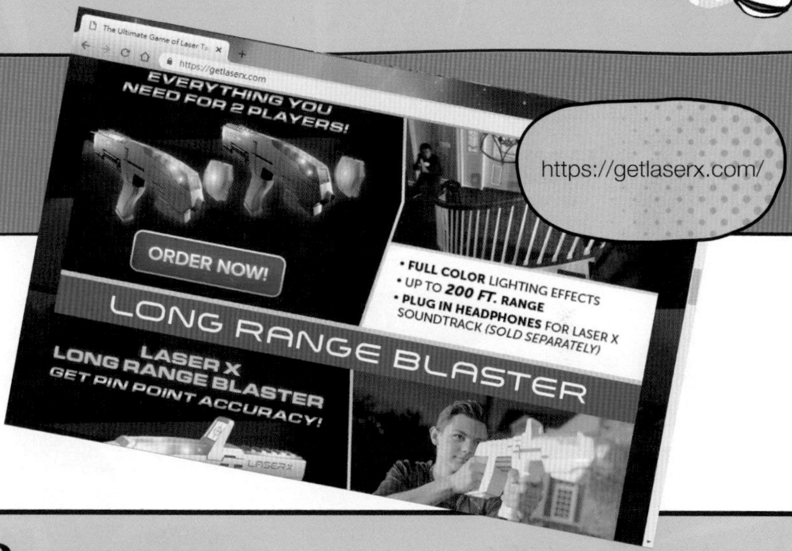

1-3 雷射槍遊戲原理

雷射可因為光線波長的不同分為可見光與不可見光，一般使用作為雷射對戰槍發射的光皆為紅外線（或紅外光），人類肉眼是無法看到的，接著再利用配戴在玩家身上的接收器判斷是否有被光線擊中，用以計算分數或判定玩家中彈，當然這些都是**發光器**（雷射槍）與**接收器**（穿戴裝置或靶）所使用的電子元件上的區別而已，只要選用克服環境影響因素（比如感測器能夠接收的範圍）的電子元件，而且讓主機（控制板）能夠正確讀取玩家是否擊發槍枝或中彈便可以構成這類遊戲玩法。

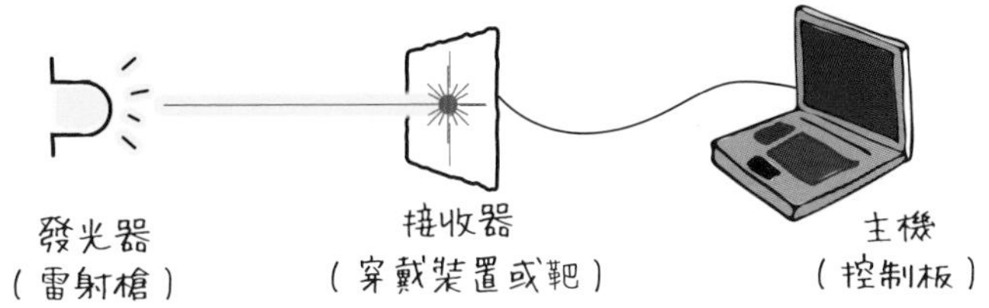

1-4 FL-X 雷射槍

FL-X 雷射槍所用的雷射為紅光雷射，在透過玩家扣下**板機**（微動開關）後，雷射槍內已經充電完成的電容便會放電使**槍口**（紅光雷射模組）短暫發出紅光，同時槍內的**蜂鳴器**也會發出聲音。如果發射的紅光雷射有命中靶機上**槍靶**（光敏電阻模組），靶機內部的控制板便會讀取到訊號，將**槍靶**（伺服馬達）倒下，並在 **4 位數顯示器**上最後 2 位數顯示目前的成績，倒下後的槍靶會再次升起進行下一次射擊，最後再加上前面 2 位數顯示倒數計時時間，若是多人輪流挑戰高分，就成了刺激有趣的 FL-X 雷射槍大亂鬥！

CHAPTER 02

組裝雷射槍

組裝過程分為雷射槍與靶機2個部分，首先會先組裝FL-X雷射槍，組裝過程請務必仔細，避免電子零件短路造成毀損。

2-1 零件盤點

盤點零件是個好習慣，既可確認零件是否短缺，又可以認識這些零件的名稱，組裝過程才能更有效率。

1 Arduino Nano 相容控制板

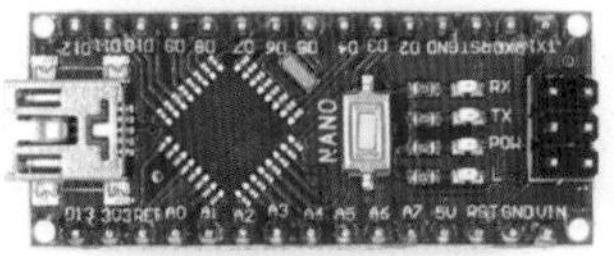

2 麵包板 (顏色隨機出貨)

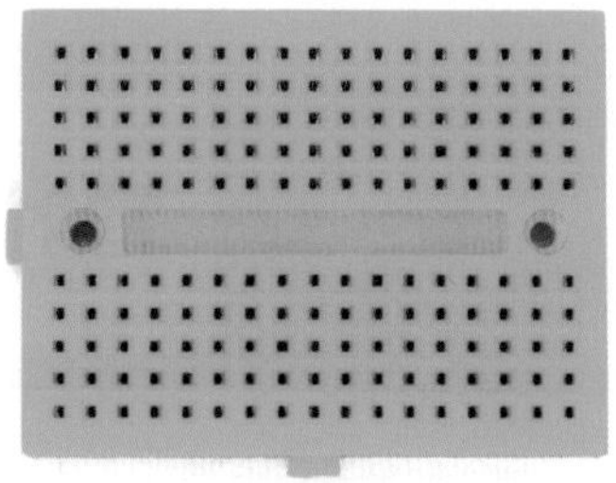

3 伺服馬達組

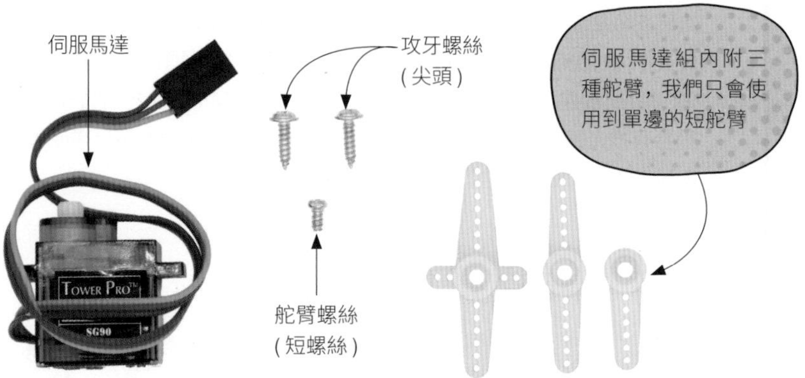

4 紅光雷射模組

5 數位顯示模組

6 光敏電阻模組

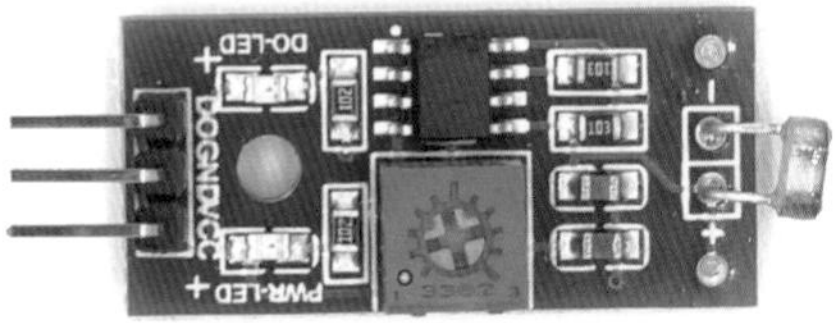

7 微動開關組

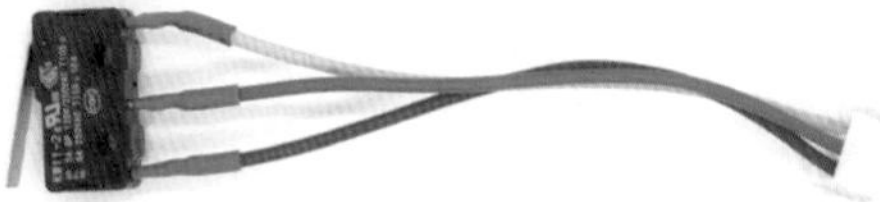

8 杜邦線轉接板

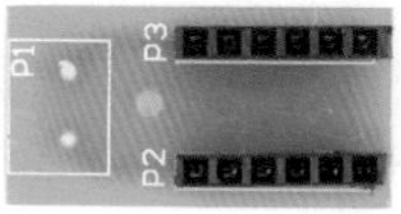

9 杜邦轉接線

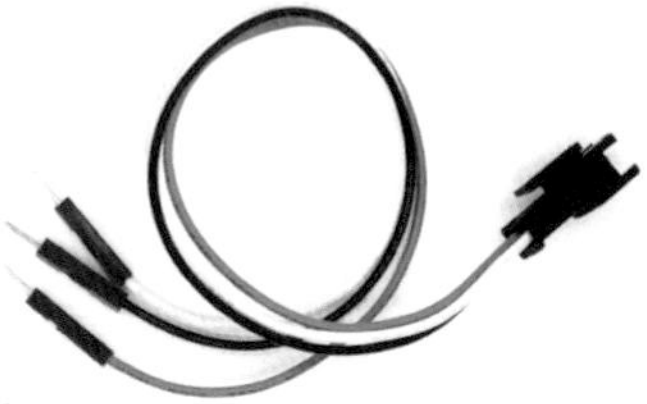

10 AAA 電池盒

11 mini USB 傳輸線

12 M2 螺絲螺帽組

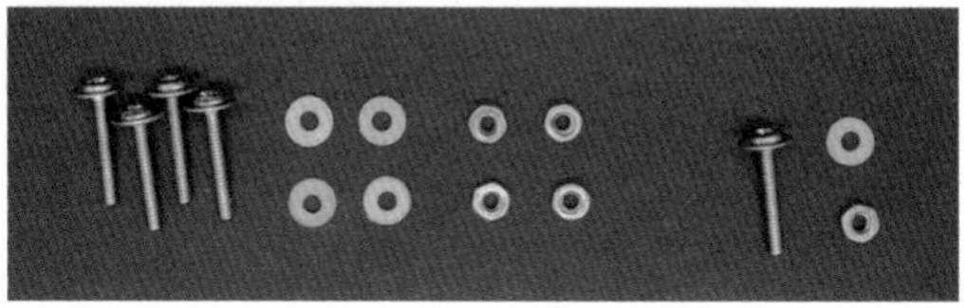

13 電解電容 10V / 1000 μ F

14 有源蜂鳴器

15 杜邦端子線組

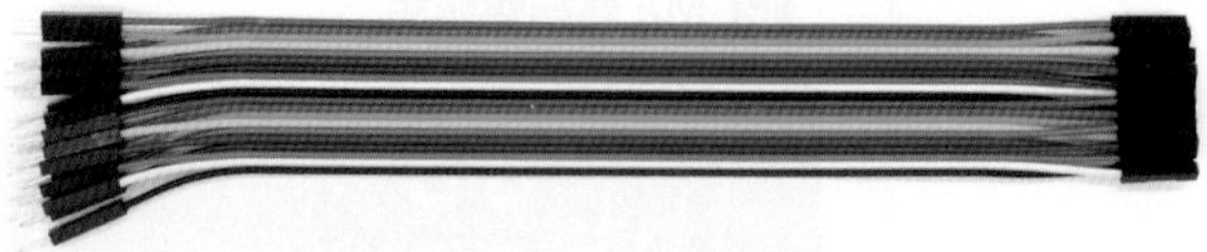

每種顏色功能相同，可任意撕下使用

16 排針

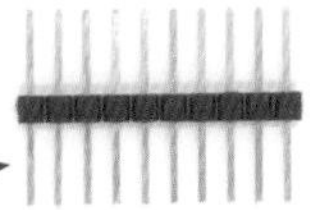

排針上的每一支針皆可獨立使用，
可依照所需數量折下

17 接線端子

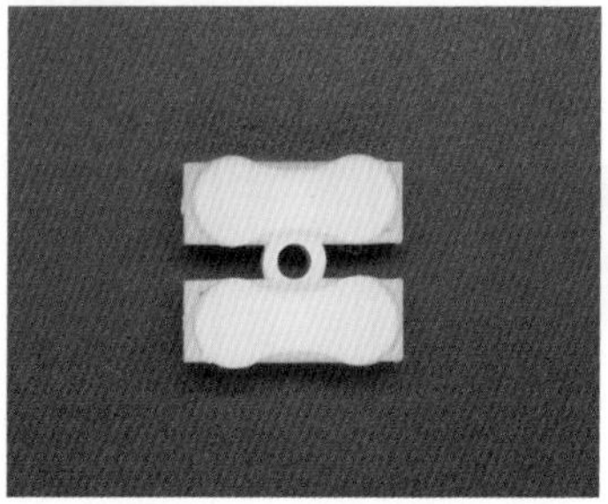

18 雷射槍紙板組

盤點時，可順便將紙板上孔位的餘料戳下，較大片的餘料可以保留待會鑽孔時當裁紙墊用

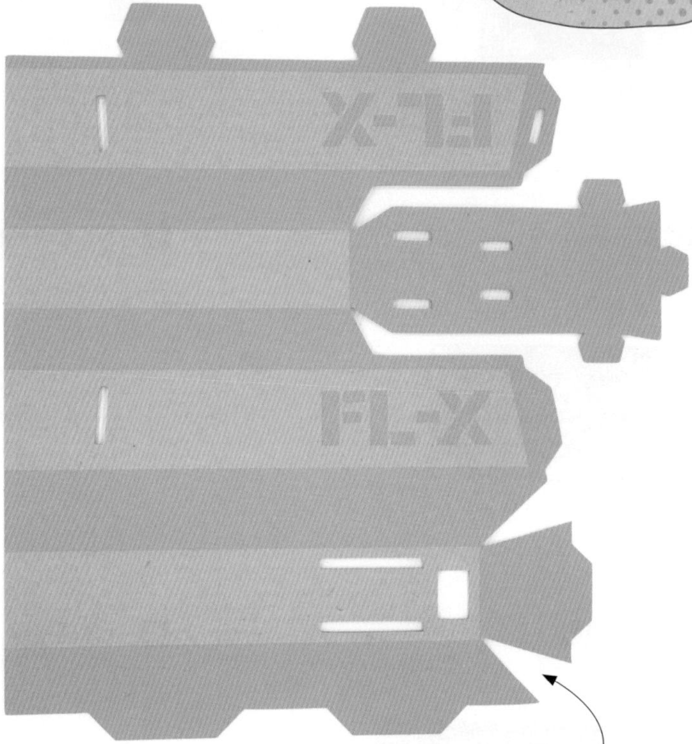

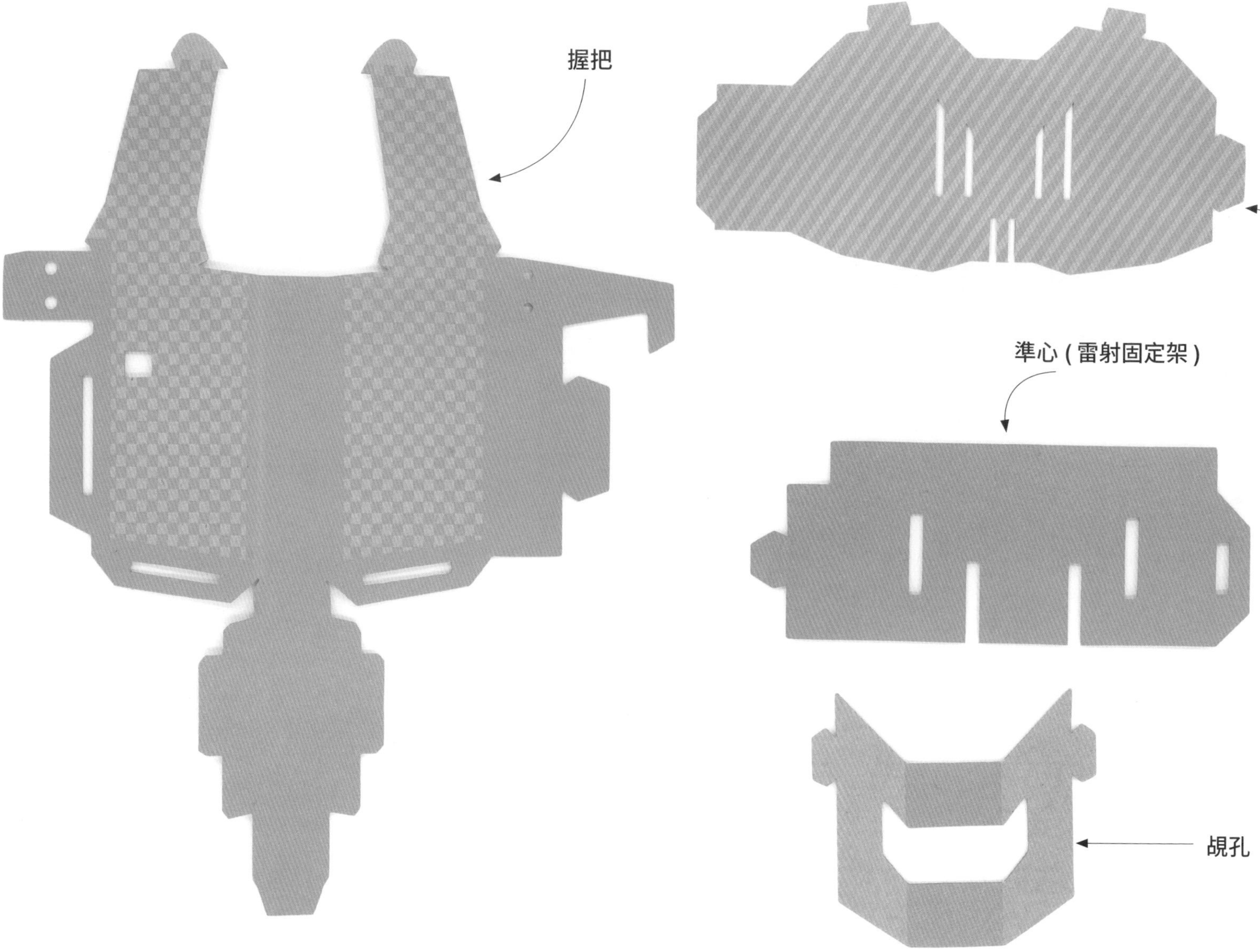
握把
槍口
準心 (雷射固定架)
覘孔

19 靶機紙板組

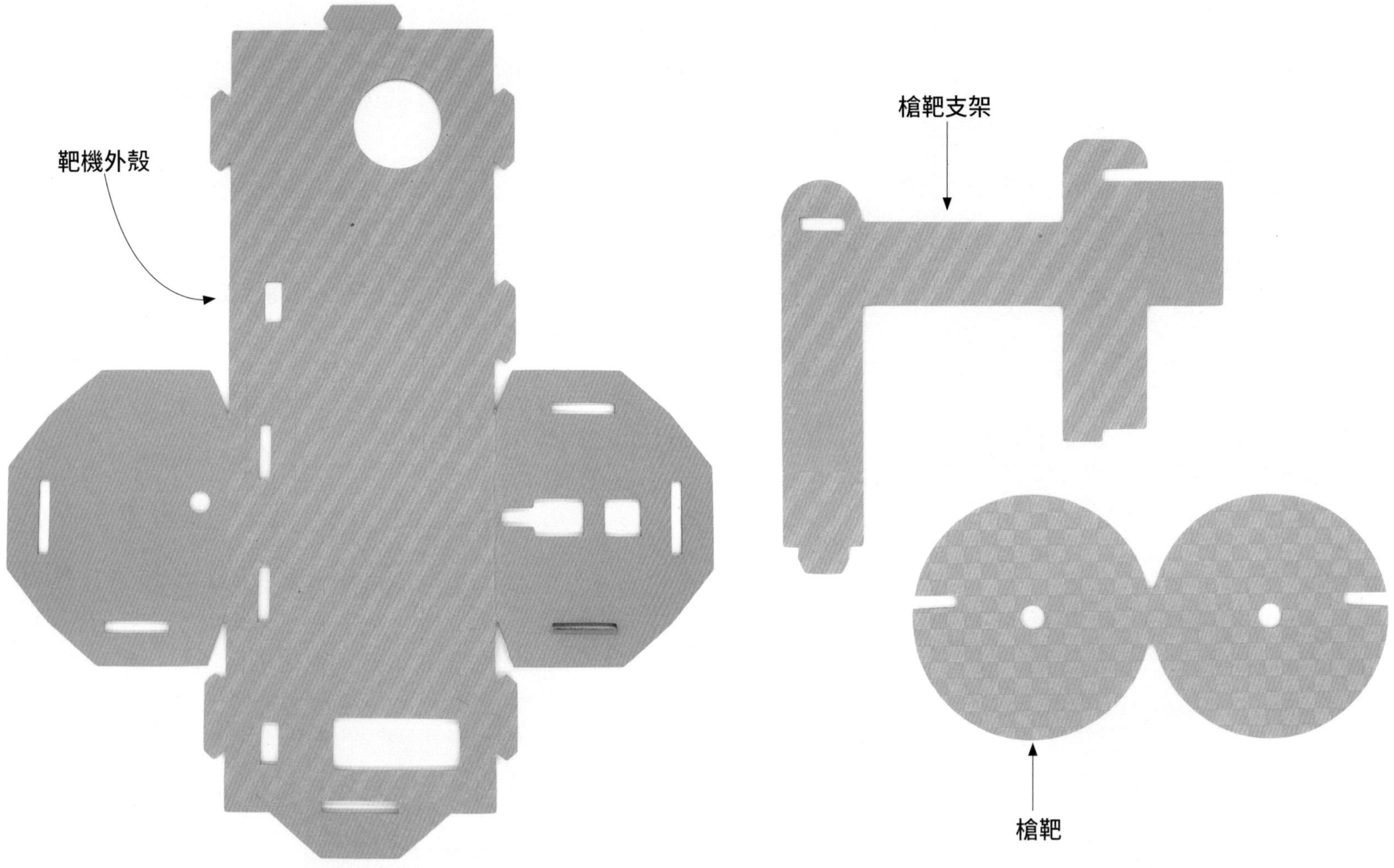

軟體補給站 您要自備的部分

本套件需要自備的有十字螺絲起子及 4 號電池 4 顆。這些是家裡平常可能有、即使沒有也很容易取得的工具：

要用小支的螺絲起子，才能鎖套件用的 M2 螺絲

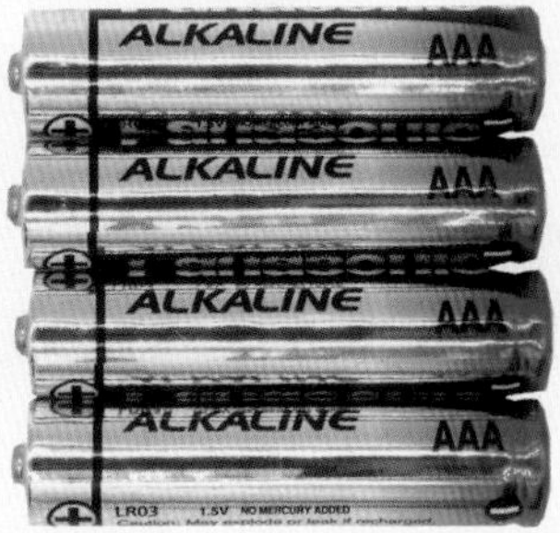

AAA（慣稱 4 號）電池 4 顆，建議使用 Alkaline 強力鹼性、或鎳氫充電式等可提供大電流電池

2-2 組裝槍握把

首先組裝握把：

需要的零件

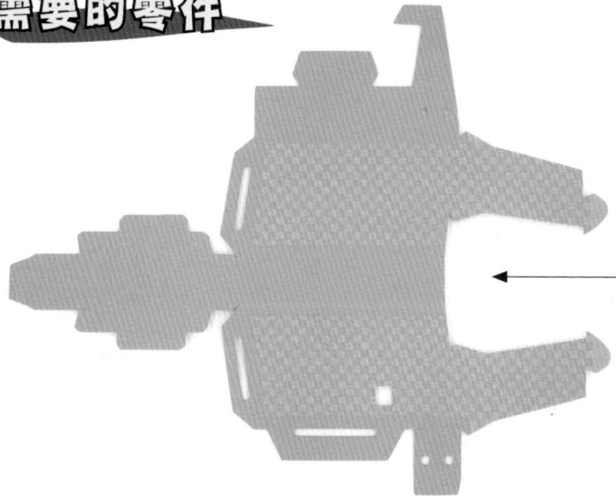

槍握把紙板

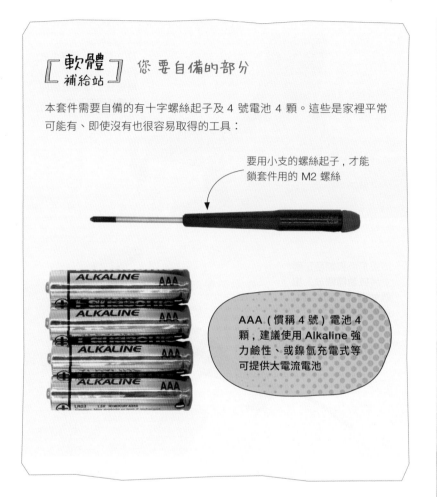

電池盒

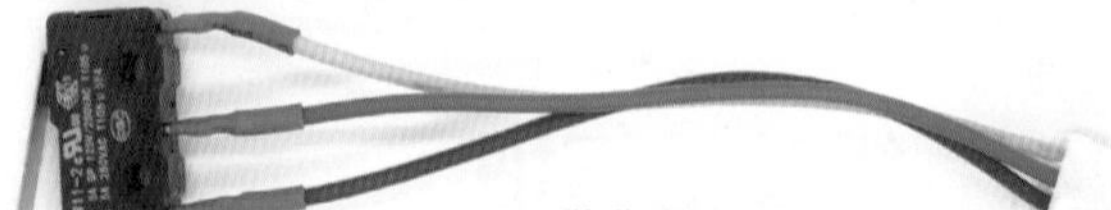

微動開關

M2 螺絲、螺帽、
墊片 各 **2 顆**

零件準備完成接著我們就趕快來組裝吧！

我們先取出微動開關準備鎖到紙板上

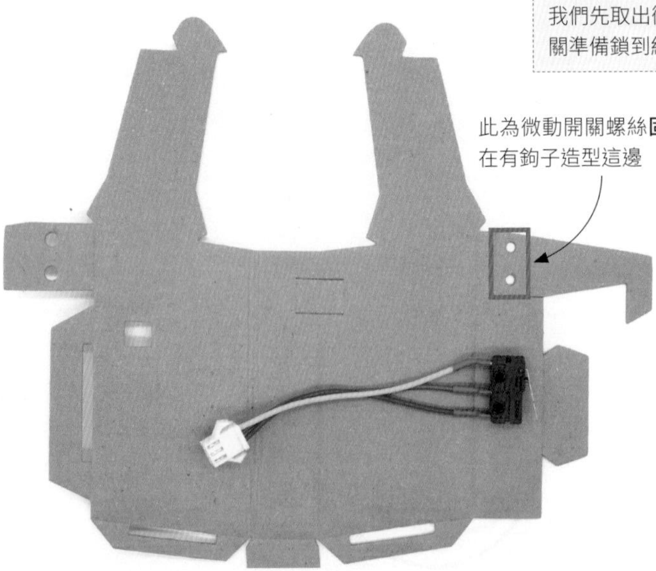

此為微動開關螺絲**固定孔**，
在有鉤子造型這邊

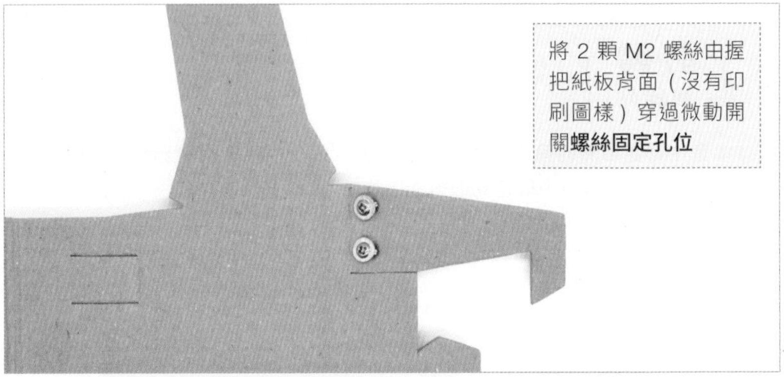

將 2 顆 M2 螺絲由握把紙板背面（沒有印刷圖樣）穿過微動開關**螺絲固定孔位**

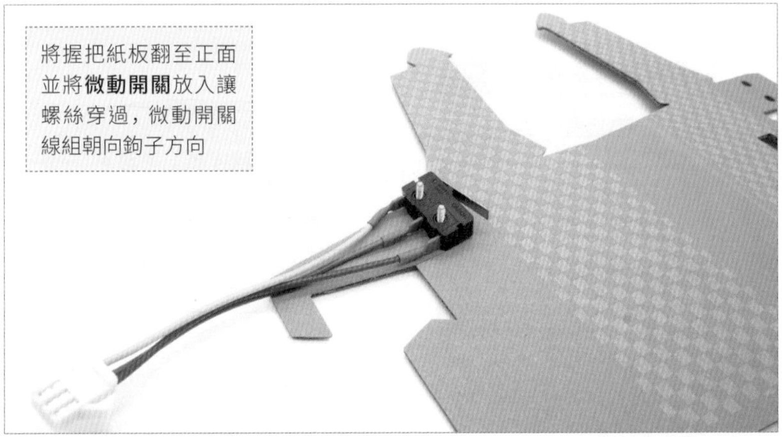

將握把紙板翻至正面並將**微動開關**放入讓螺絲穿過，微動開關線組朝向鉤子方向

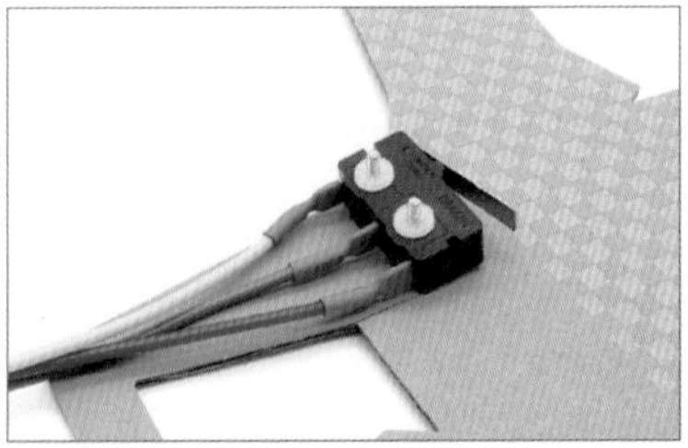

將**墊片**分別套入螺絲

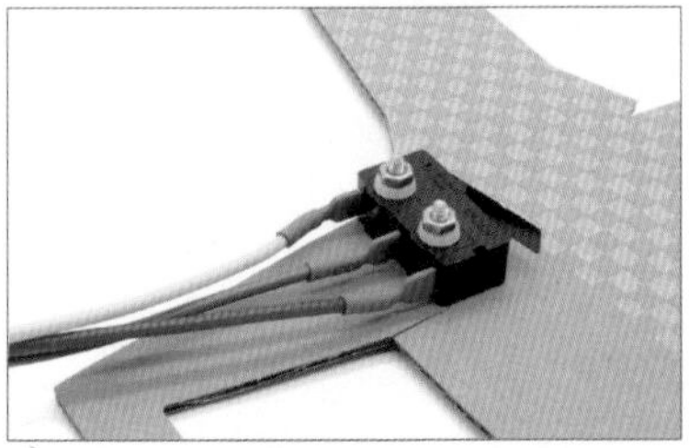

再分別拴上**螺帽**固定

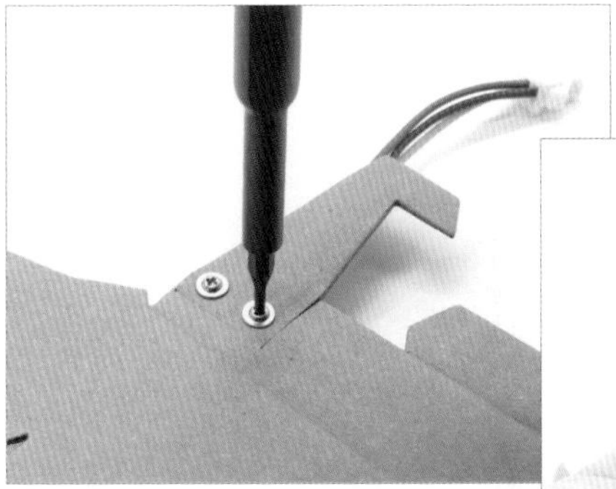
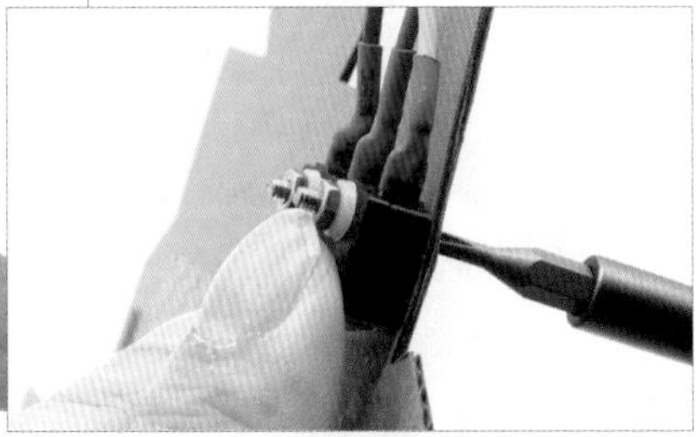

利用螺絲起子將螺絲與螺帽拴緊

拴緊的時候，只需要用**手指**抵住螺帽，另一邊轉動螺絲起子固定，確認螺帽不會鬆落即可，不須過度施力，以避免紙板破裂

完整的一排棋盤格開始往下數至第 8 排

最左邊的牛皮紙色方格

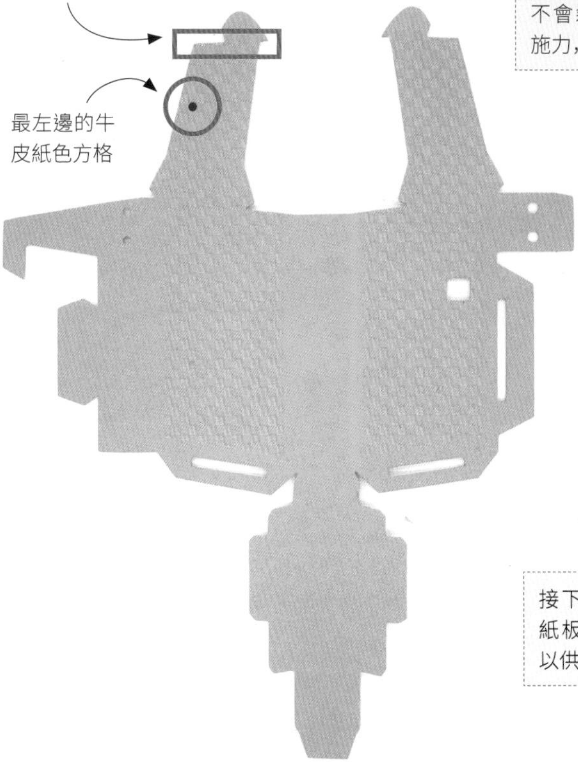

接下來要在左圖槍靶紙板標示的位置引孔以供後面步驟的組裝

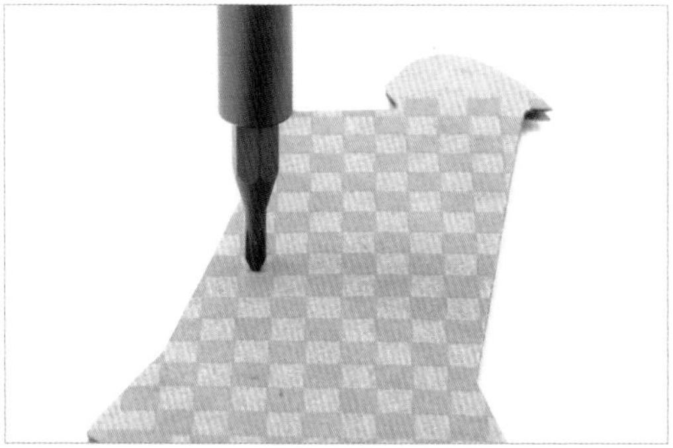

利用螺絲起子或筆尖在位置上稍微戳出壓痕

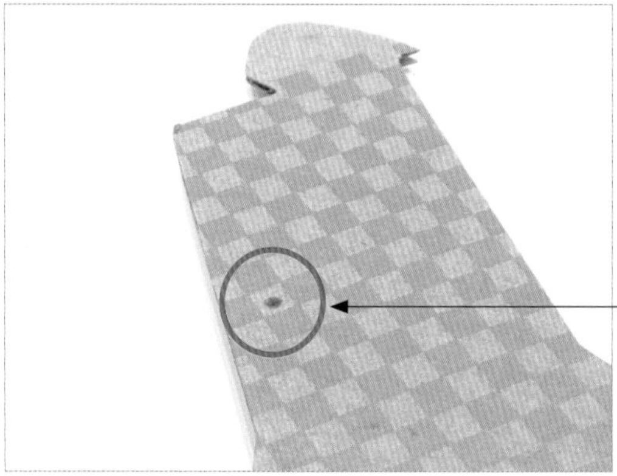

壓出圓孔壓痕

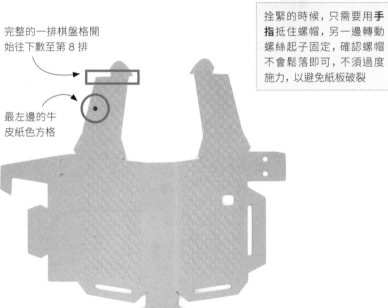

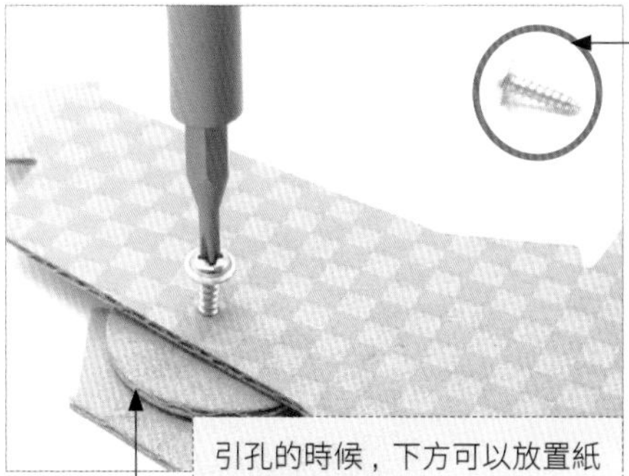

攻牙螺絲一共 2 顆，取用 1 顆即可

引孔的時候，下方可以放置紙板移除的餘料，以免損傷桌面

取出**伺服馬達組**內的**攻牙螺絲**(**尖頭**)使用螺絲起子進行引孔，引孔的目的是為了待會我們要用 M2 螺絲穿過並固定杜邦轉接板

⚠ 使用攻牙螺絲務必小心，鎖上螺絲的過程皆避免將手指抵在螺絲行進方向前方，以防螺絲穿刺手指

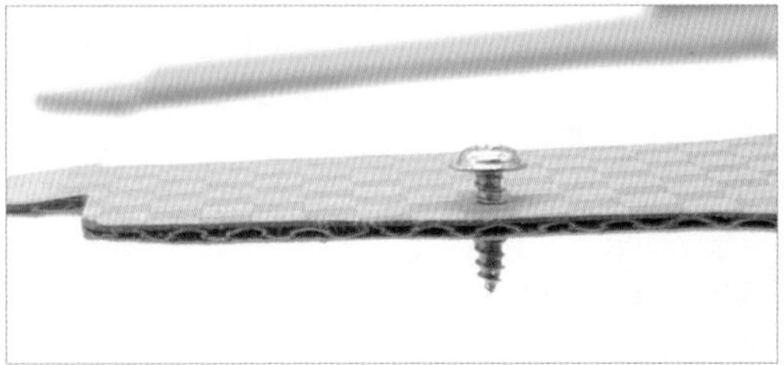

螺絲完全貫穿

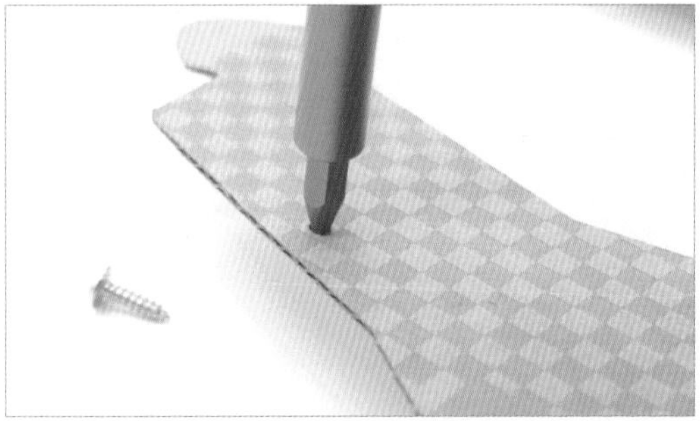

接著將**攻牙螺絲**退出，再用螺絲起子直接擴孔，讓待會的 M2 螺絲可以較順利通過

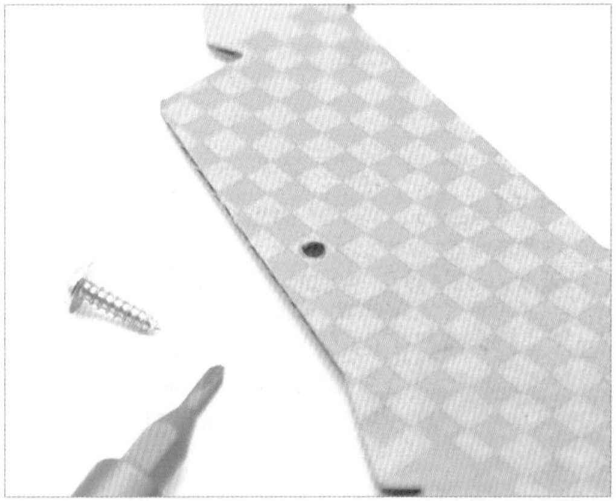

拔出螺絲起子，完成引孔動作，請將螺絲妥善保存

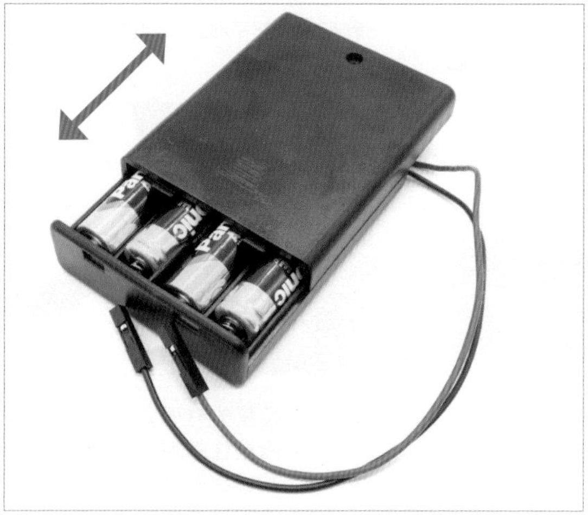

滑開電池盒蓋，置入電池後再蓋回盒蓋

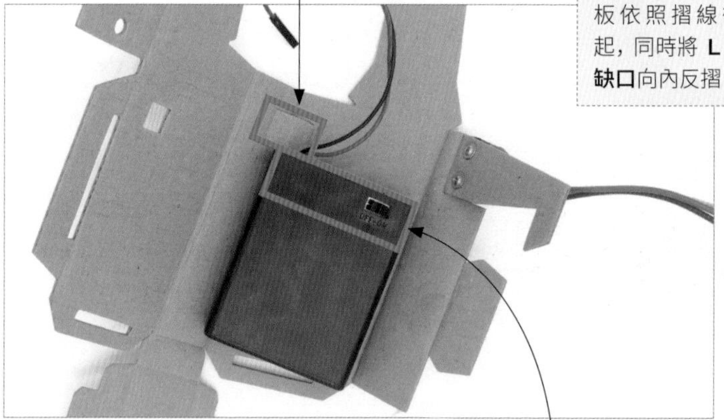

將**電池盒**置入並將紙板依照摺線微微摺起，同時將 **L 型固定缺口**向內反摺

L 型固定缺口摺起後，將微動開關**鉤子**反摺插入 **L 型固定缺口**

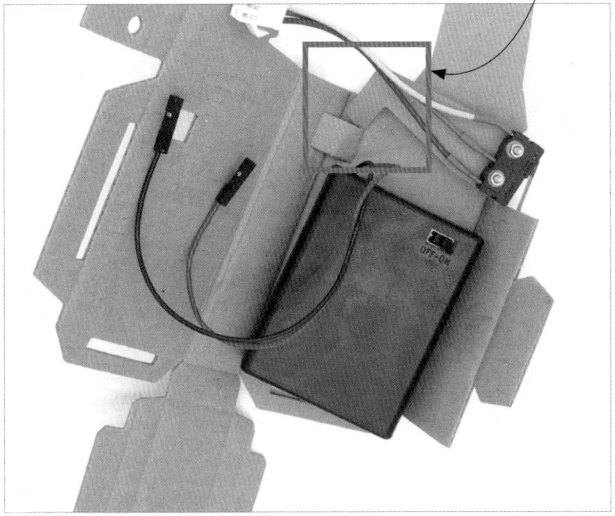

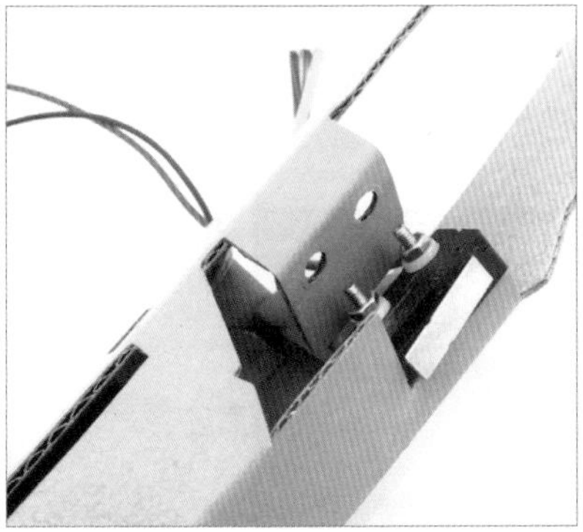

將握把摺線都摺起並包覆電池盒的同時，把**鉤子**對邊同樣有 2 個圓孔的部分向內摺讓微動開關的**固定螺絲**穿過

接著扣上握把側邊的**固定扣**

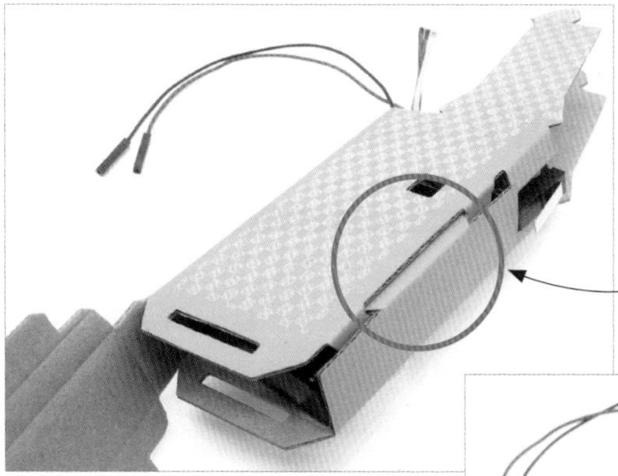

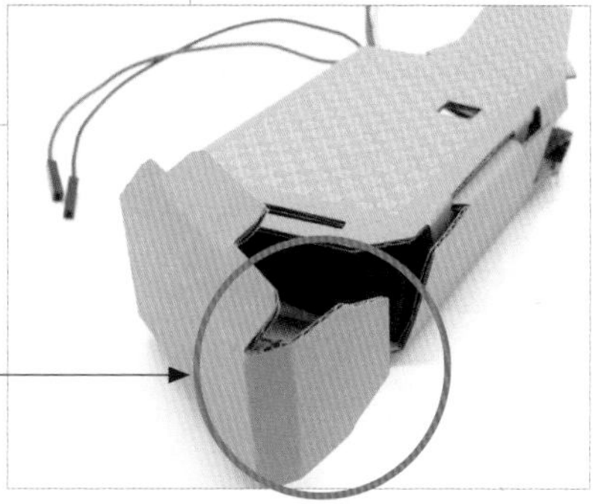

先將底部紙板摺起
並將長條摺入內部

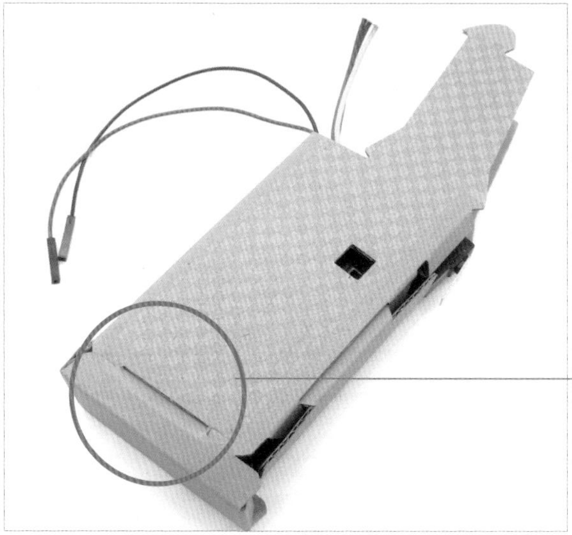

最後扣上底部兩側固定扣即完成槍握把部分

2-3 組裝槍管與電路

接下來是組裝槍管與連接雷射槍電路的部分，由於我們會使用到**電容**這個電子零件，**電路若是不慎接反，持續通電後會導致電容爆裂毀損，接線請格外小心謹慎**，如有發現冒煙、異味或任何異狀請立刻關閉電源或直接移除電池盒線路。

需要的零件

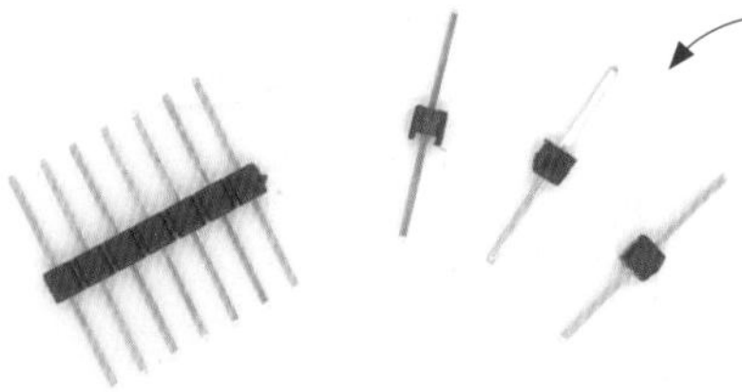

單針排針（從整排的排針直接折下，也可以使用剪刀小心剪下）

杜邦線 5 條（雖不同顏色的功能相同，但仍建議使用指定顏色，黑白灰紫紅）

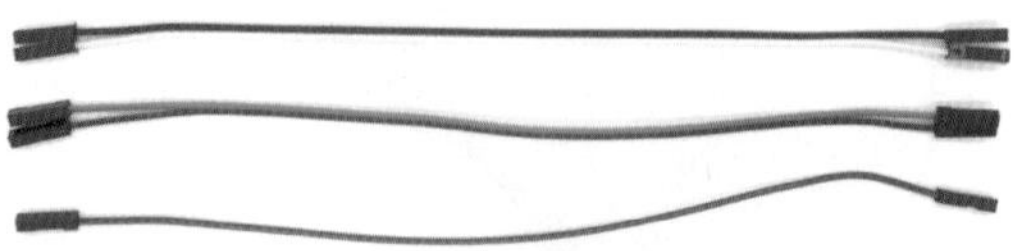

⚠ 使用與書中同色接線，可快速對照圖解避免錯誤。

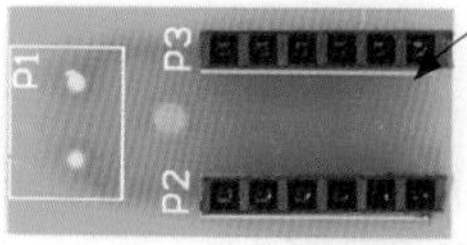

杜邦線轉接板

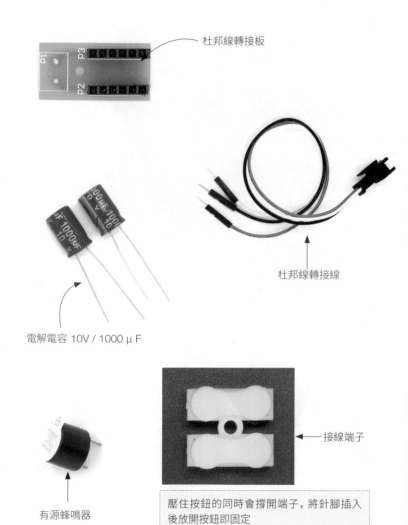

電解電容 10V / 1000 μ F

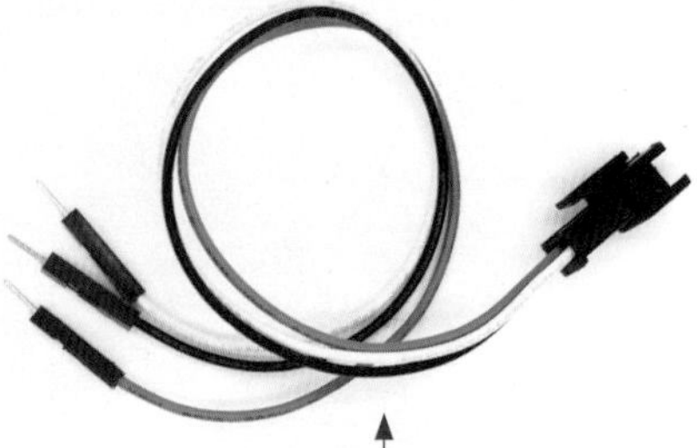

杜邦線轉接線

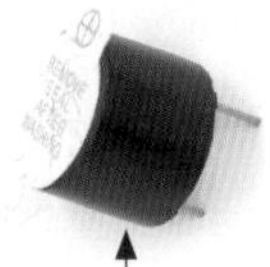

有源蜂鳴器

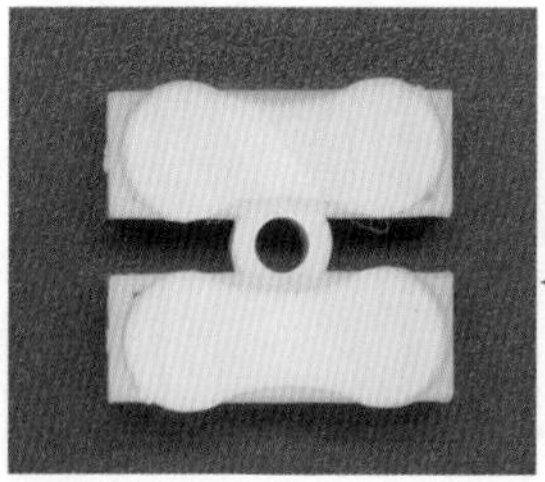

接線端子

壓住按鈕的同時會撐開端子，將針腳插入後放開按鈕即固定

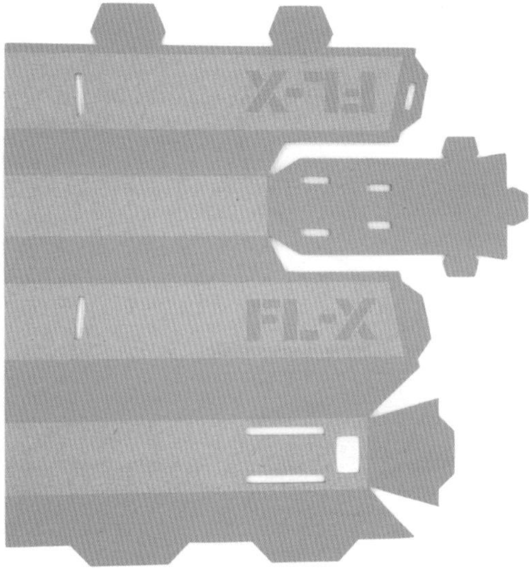

槍管紙板

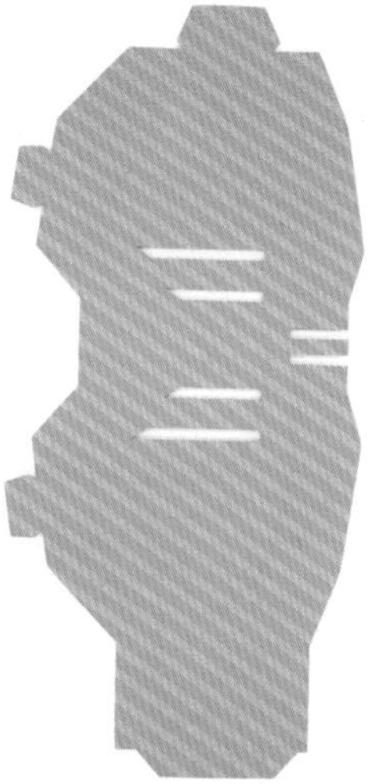

槍口紙板

取出**槍管紙板**，並依照摺線稍微摺起

將組裝完成的**槍握把**由此部分長孔穿入

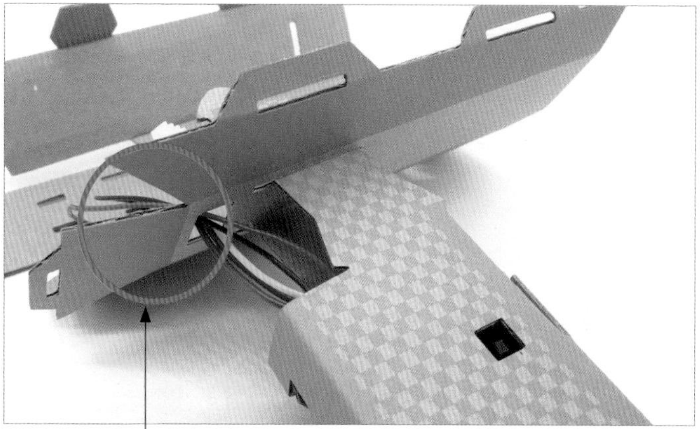

電池盒電源線及**微動開關**線組由方孔穿過

這邊先穿過

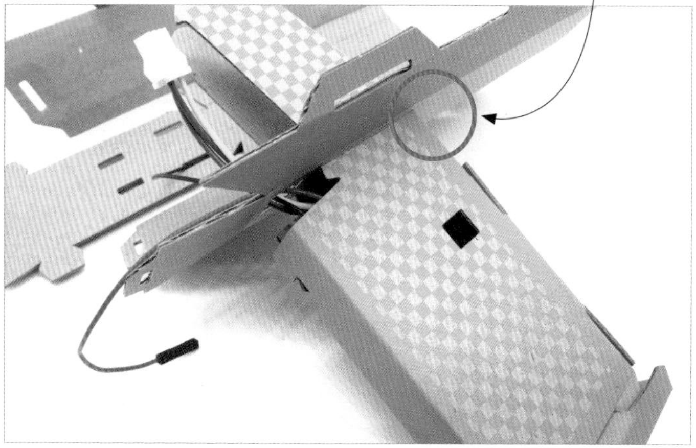

將兩邊稍微用力壓至握把後，槍管紙板便會緊密與握把結合

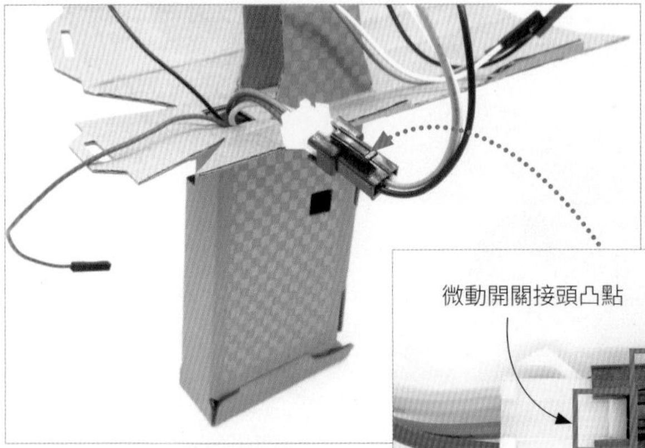

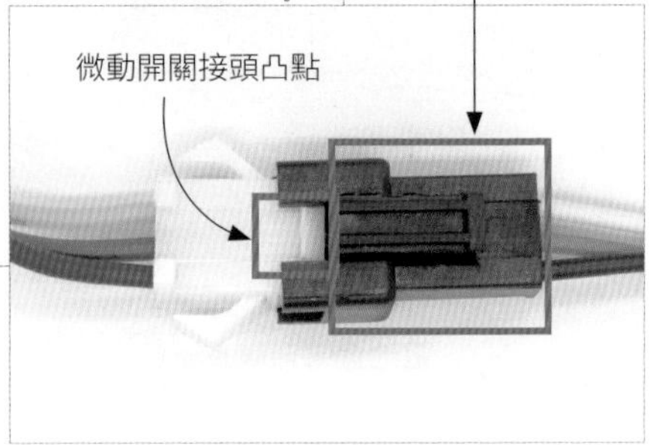

依照接頭卡榫方向

取出**杜邦轉接線**接至微動開關線組的接頭

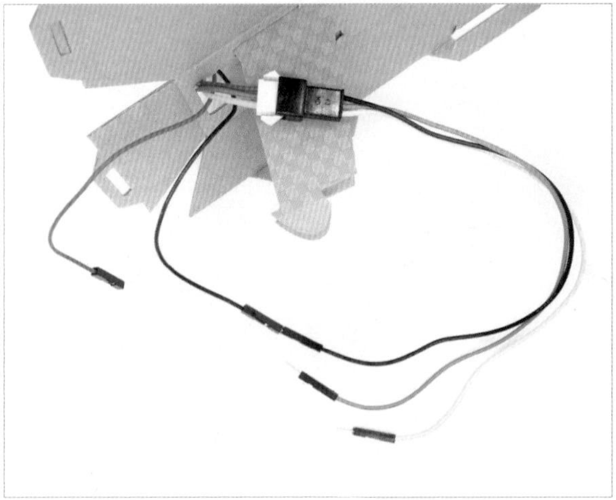

將電池盒電源線的**黑線**與杜邦轉接線的**黑線**對接

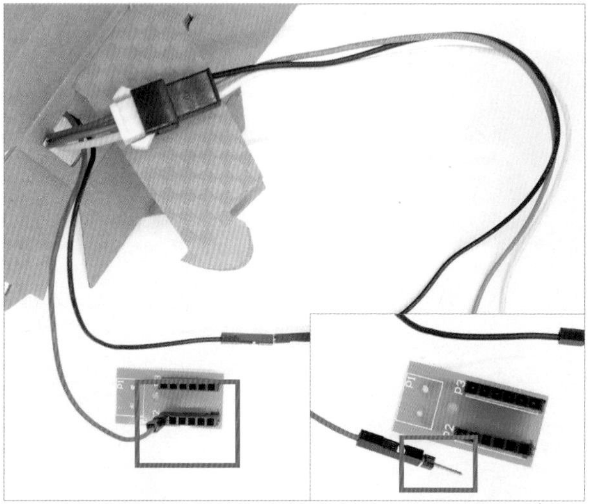

取出**杜邦線轉接板**橫放，將電池盒**紅線**插至**下排** (P2) 任一位置

⚠ 杜邦轉接板電路為兩排各自連通，一旦某一邊接上了正極 (+ 或 vcc) 後，請勿將其他電子元件負極 (- 或 GND) 接於同排避免短路以策安全

此時須使用單針排針連接杜邦母頭

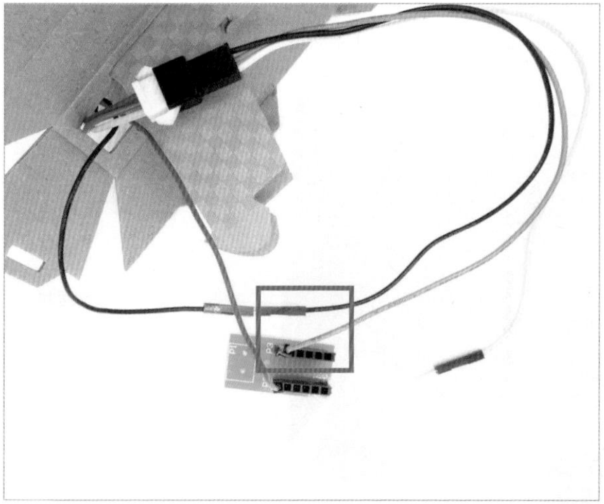

接著將杜邦轉接線**灰線**插至杜邦線轉接板**上排** (P3)

按壓可釋放端子，放開即固定

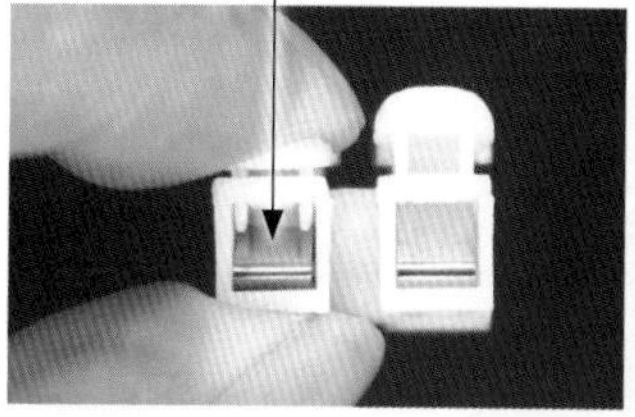

取出**接線端子**並將杜邦轉接線**白線**接上**接線端子**一端

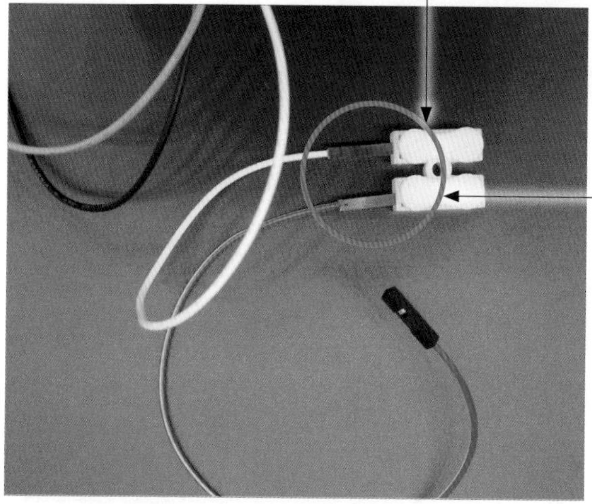

取一條杜邦線(紅)依相同方法固定於隔壁**接線端子**上

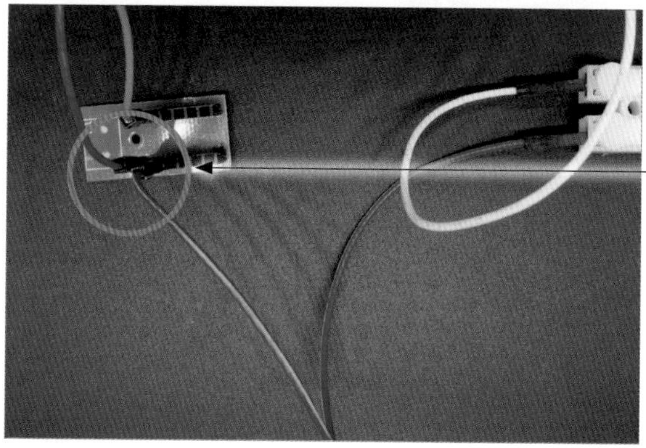

杜邦線(紅)的另一端則利用排針插於**杜邦線轉接板**的**下排** (P2) 任一位置

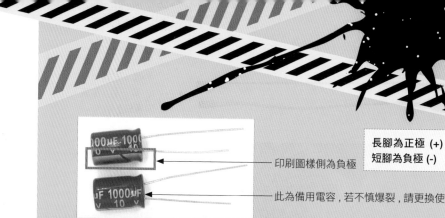

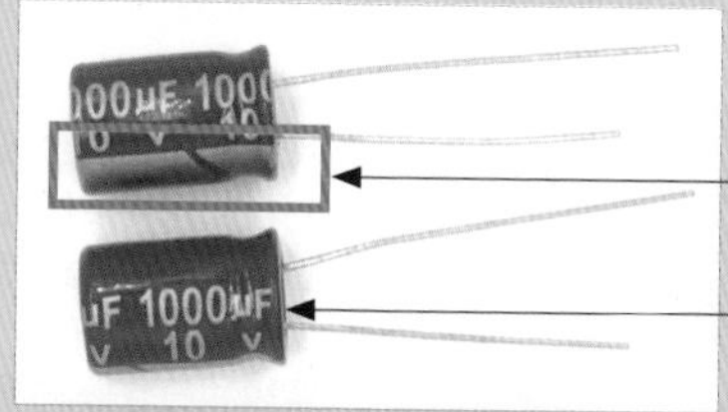

印刷圖樣側為負極

此為備用電容，若不慎爆裂，請更換使用

長腳為正極 (+)
短腳為負極 (-)

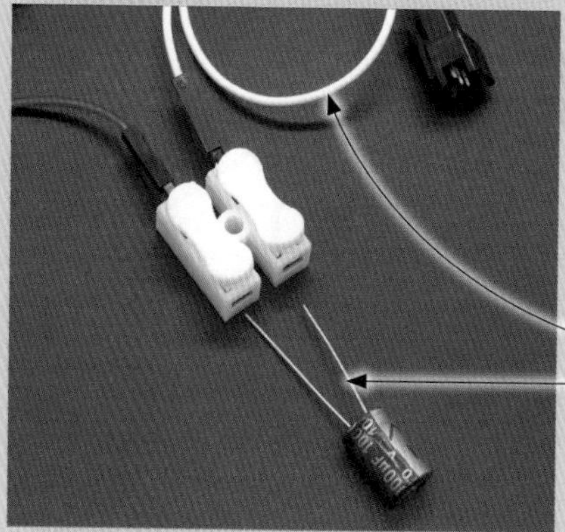

取出**電容**，連接時需特別留意，將電容**長腳**固定至**接線端子**上與**母母杜邦線(紅)**相通，電容**短腳**固定至**接線端子**上與杜邦轉接線**白線**相通

杜邦轉接線與電容短腳接在同一側

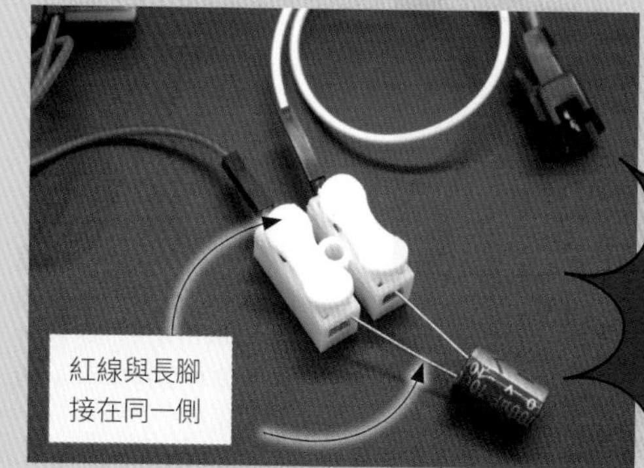

紅線與長腳接在同一側

電容線路不慎接反，持續通電後會導致電容爆裂毀損，接線請格外小心謹慎！

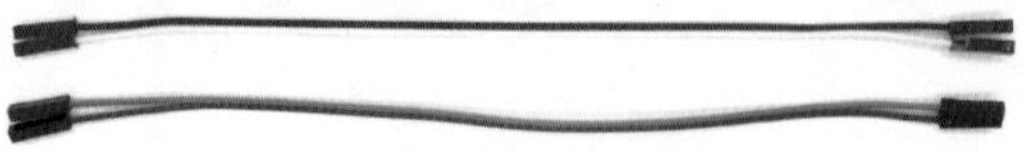

準備 4 條杜邦線 (2 條一對，灰紫與黑白)

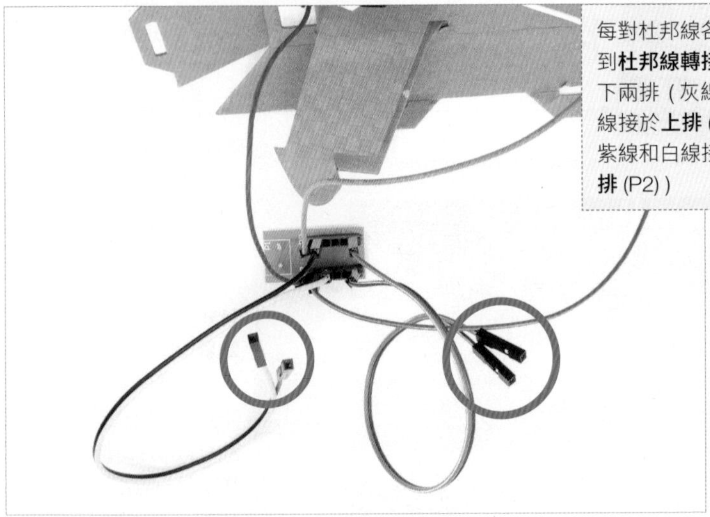

每對杜邦線各自接到**杜邦線轉接板**上下兩排 (灰線和黑線接於**上排** (P3)，紫線和白線接於**下排** (P2))

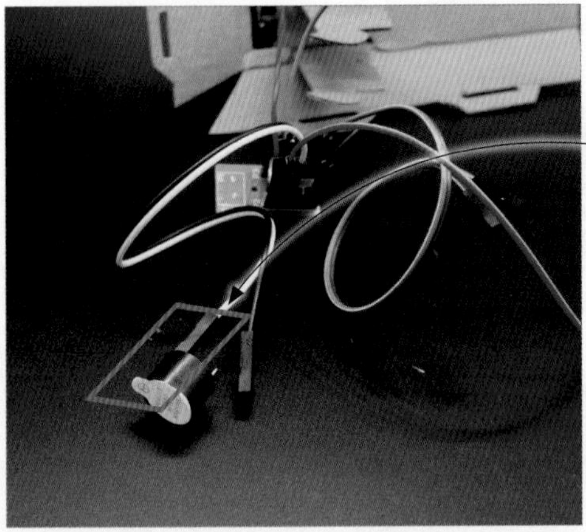

正極 (+)

取出**蜂鳴器**並將杜邦線**白線**直接插於蜂鳴器長腳 (蜂鳴器長短腳較不明顯，可觀察蜂鳴器上方標籤有標示 **+** 的那邊即為正極)

⚠ 蜂鳴器發出的音量會受限於上面貼的標籤紙，若你操作雷射槍時發現音量太小，可以將標籤撕去

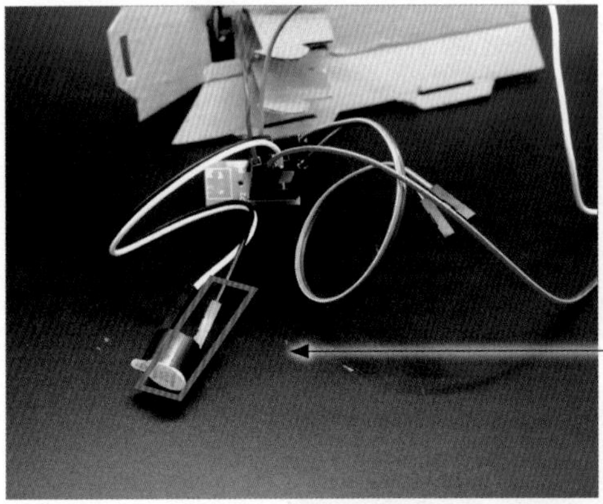

杜邦線**黑線**則插於蜂鳴器另一腳短腳負極

負極

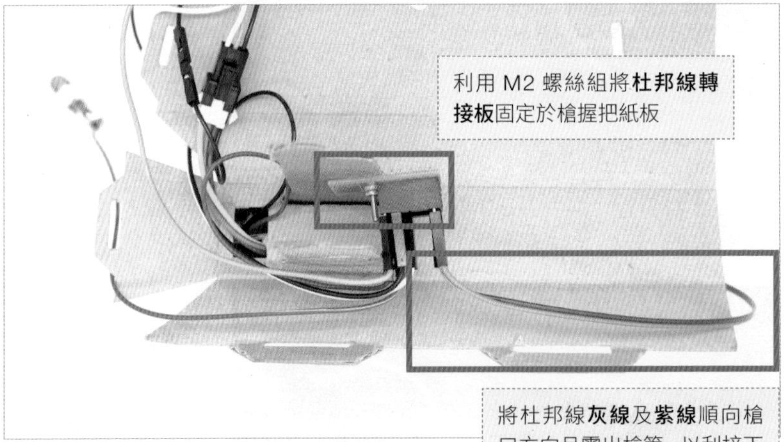

利用 M2 螺絲組將**杜邦線轉接板**固定於槍握把紙板

將杜邦線**灰線**及**紫線**順向槍口方向且露出槍管，以利接下來要連接雷射模組使用

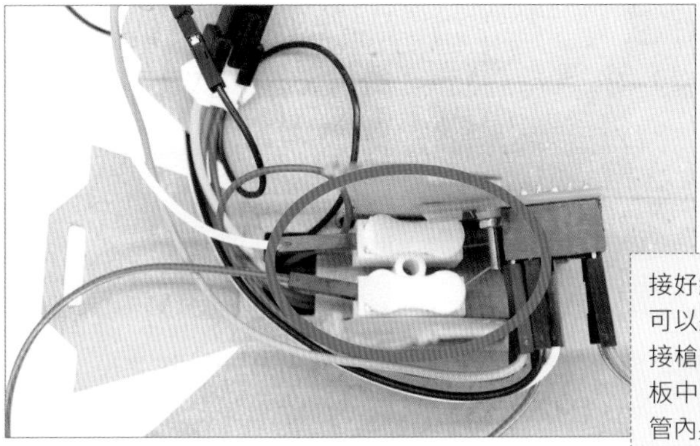

接好線的**接線端子**我們可以將它放在槍握把連接槍管的兩支連接臂紙板中間，減少零件在槍管內晃動的機會

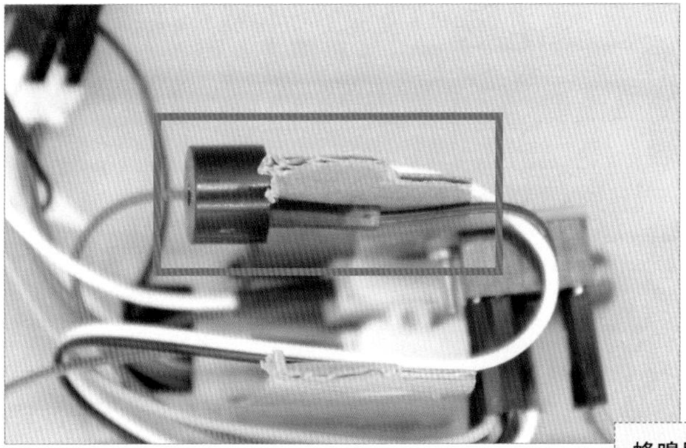

蜂鳴器則可以橫跨於其中一支連接臂紙板

確認接線後可直接開啟電池盒電源開關，並按下微動開關，若蜂鳴器有發出聲音代表接線正常

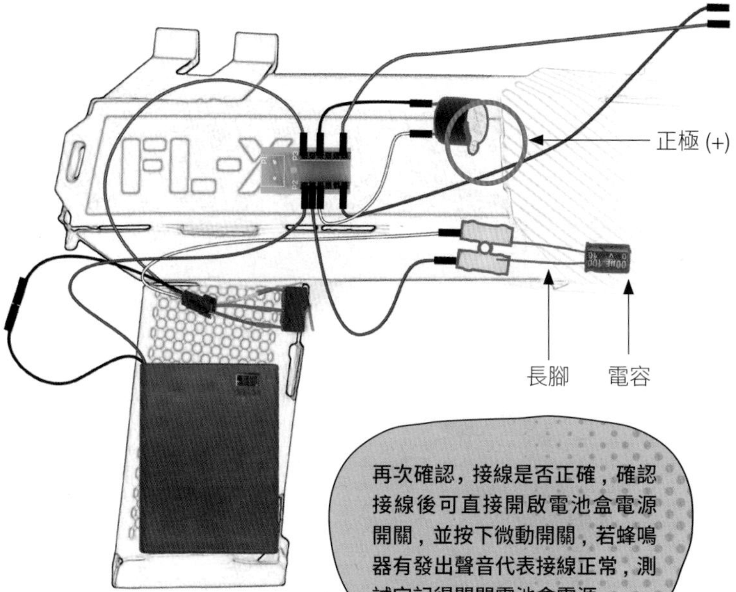

再次確認，接線是否正確，確認接線後可直接開啟電池盒電源開關，並按下微動開關，若蜂鳴器有發出聲音代表接線正常，測試完記得關閉電池盒電源

取出胡孔紙板

將胡孔對摺起來插到槍管上方的短方孔

槍握把頂端穿過這裡　此為山摺線 (向外摺)

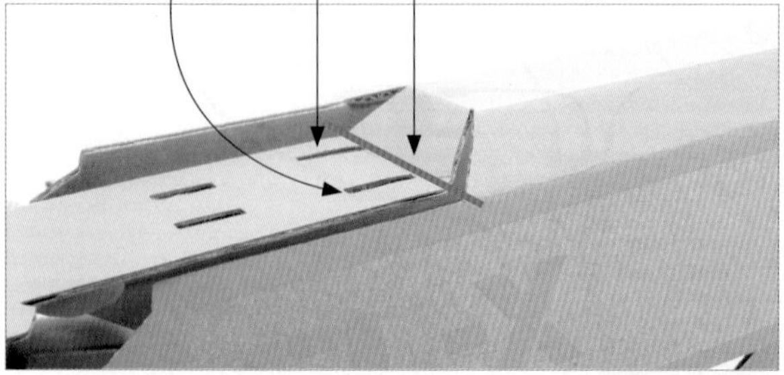

(本示意圖沒有組裝覘孔)

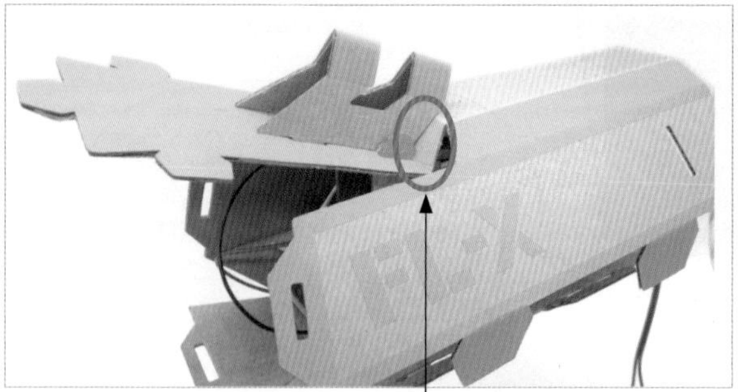

先穿過靠近**山摺線**一邊

將槍握把連接槍管的兩支連接臂紙板頂端**固定扣**穿過槍管上方

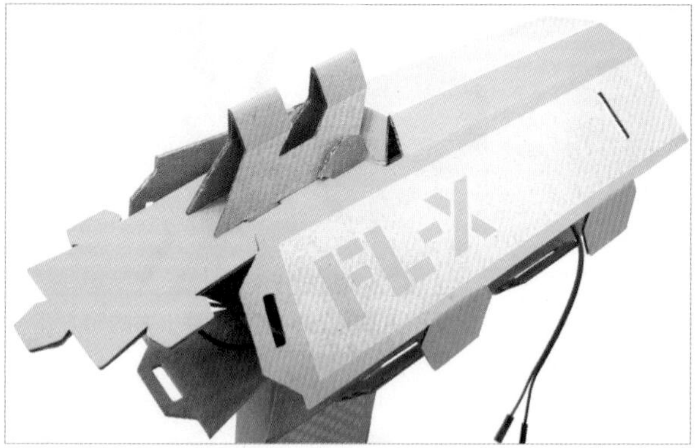

輕壓使頂端固定扣另外一邊也穿過

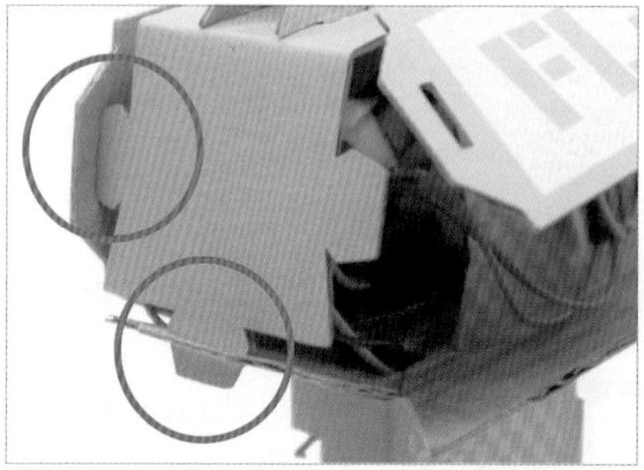

槍管背後先扣上左側及下方固定扣

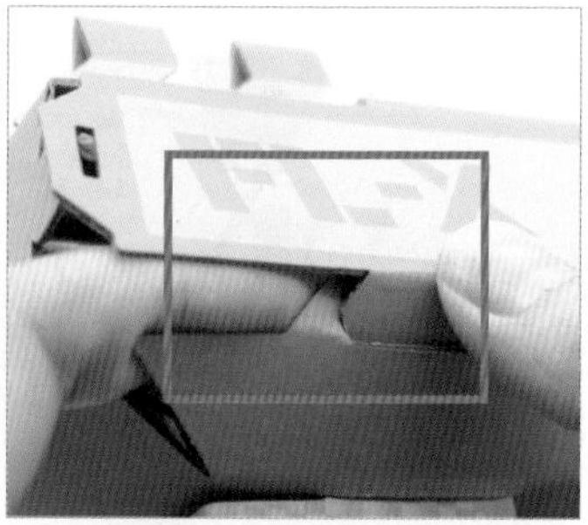

扣上槍管側邊後面固定扣，穿過的時候需伸入手指支撐

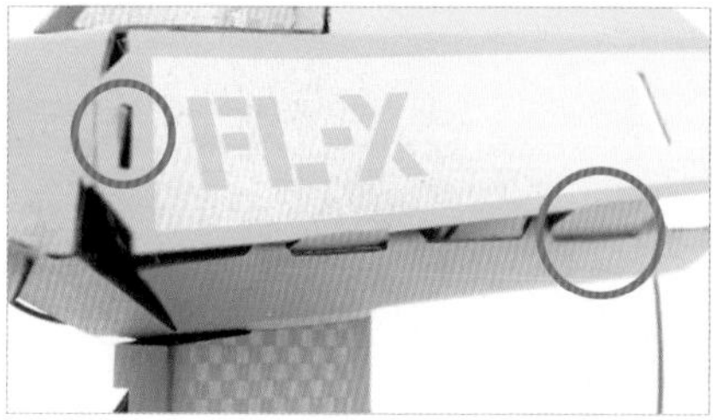

接著將剩下的側邊前面和背後右側的固定扣也扣上

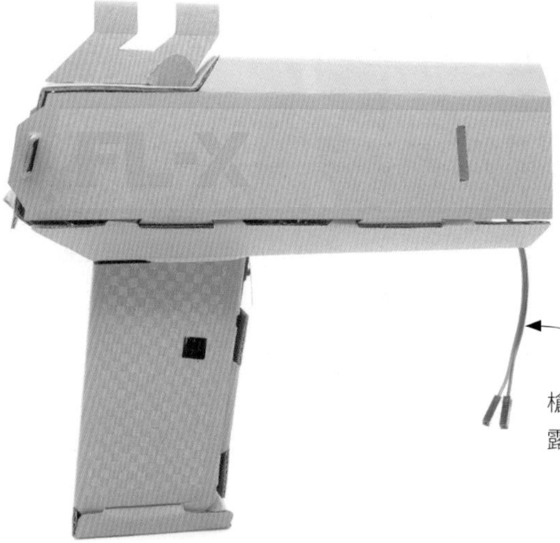

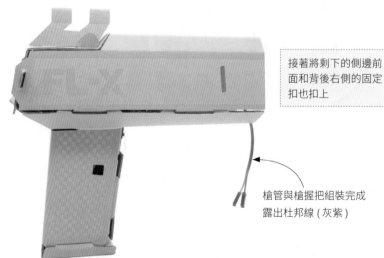

接著將剩下的側邊前面和背後右側的固定扣也扣上

槍管與槍握把組裝完成
露出杜邦線 (灰紫)

2-4 組裝槍口

最後只剩下這個部分我們就可以完成雷射槍，雖然 FL-X 雷射槍用的紅光雷射是屬於安全雷射的分級，但實際上照射到眼睛也是相當令人不舒服的，所以請不要使用雷射槍去照射眼睛！

需要的零件

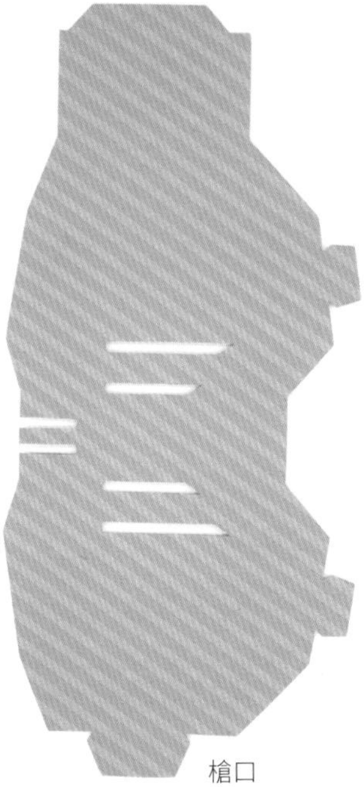

槍口

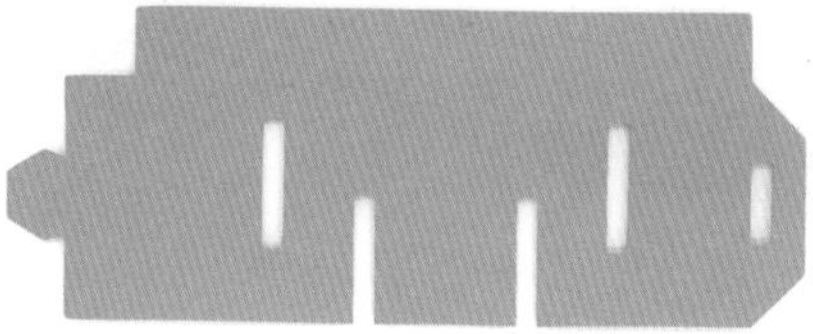

準心 (雷射固定架)

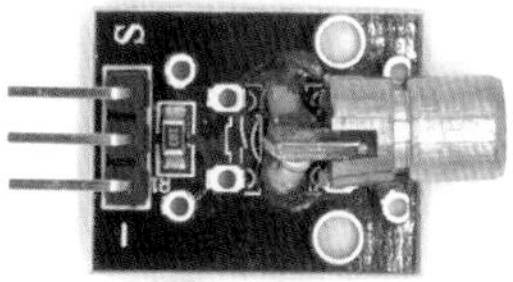

雷射模組

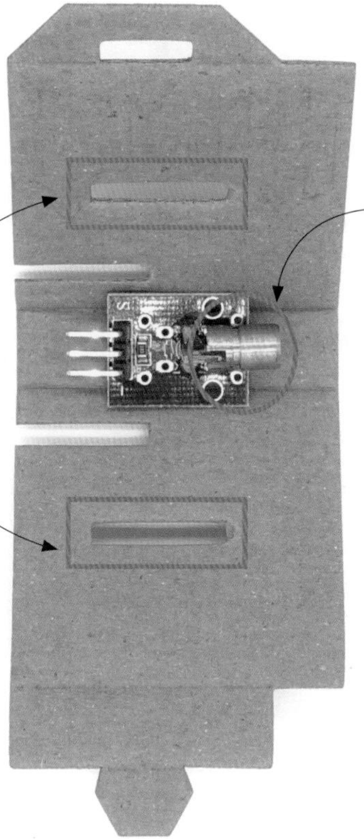

雷射模組上的雷射**發光器**朝向右邊並面向自己

雷射模組固定孔

將雷射模組放置**準心紙板**中，紙板背面 (無印刷圖樣面) 面向自己

摺起準心紙板的同時讓**雷射模組**穿過紙板**兩側孔位**

接著將準心紙板的固定扣扣上

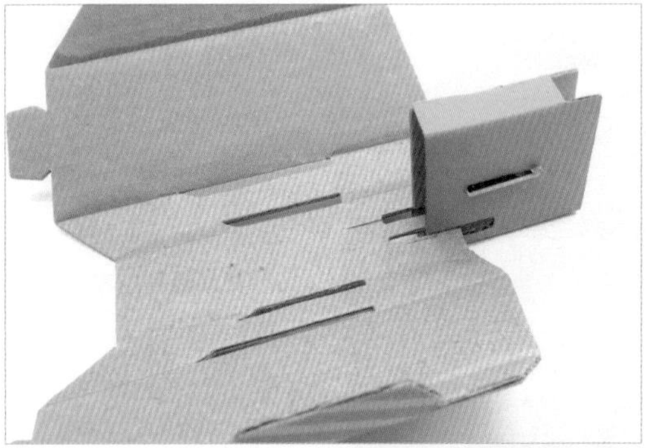

將扣好的準心紙板插入**槍口紙板**前端**缺口**

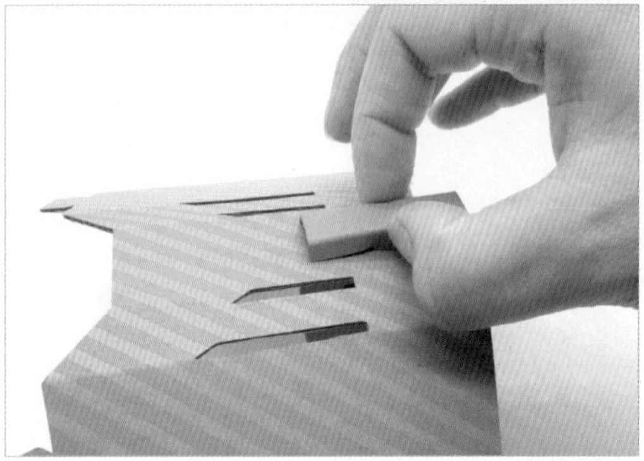

插入時需用手指稍微捏住準心兩側，讓準心紙板能夠通過槍口紙板上的切痕

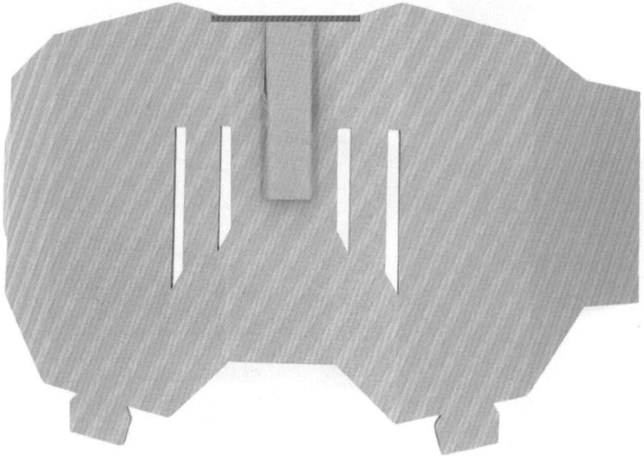

確實插到底後兩件紙板邊緣會切齊

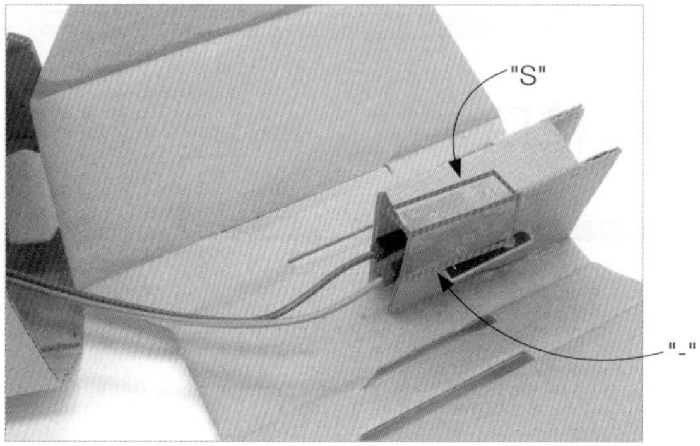

將先前由**杜邦線轉接板**上接出來的正極杜邦線 (紫線) 和 負極杜邦線 (灰線) 分別接於雷射模組針腳 (S) 和 (-)

接好接線後就可以將槍口紙板摺起並扣上固定扣

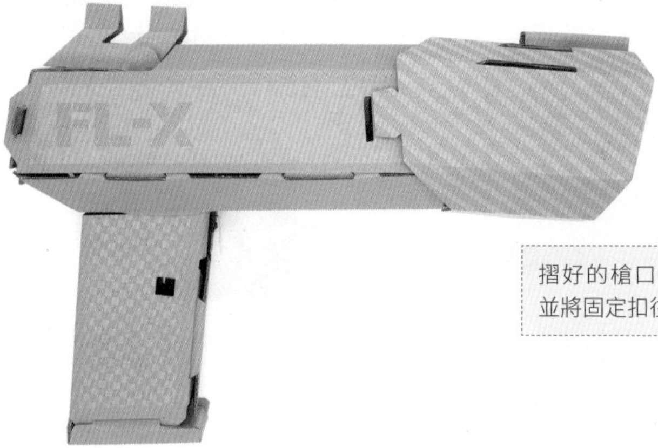

摺好的槍口套上槍管前端並將固定扣往內插入槍管

到此我們就完成了我們的 FL-X 雷射槍，打開**電源開關**，扣下板機 (微動開關) 便會聽到雷射槍發射的聲音，槍口所指向的地方也會出現雷射光點，請盡量避免雷射光射到眼睛以策安全，每扣下一次板機只會發射一次，需放開板機才能讓電容充電準備下一次擊發，若雷射槍沒有正常作動，請**關閉**電池盒電源，再次檢查槍管內部線路是否正確。

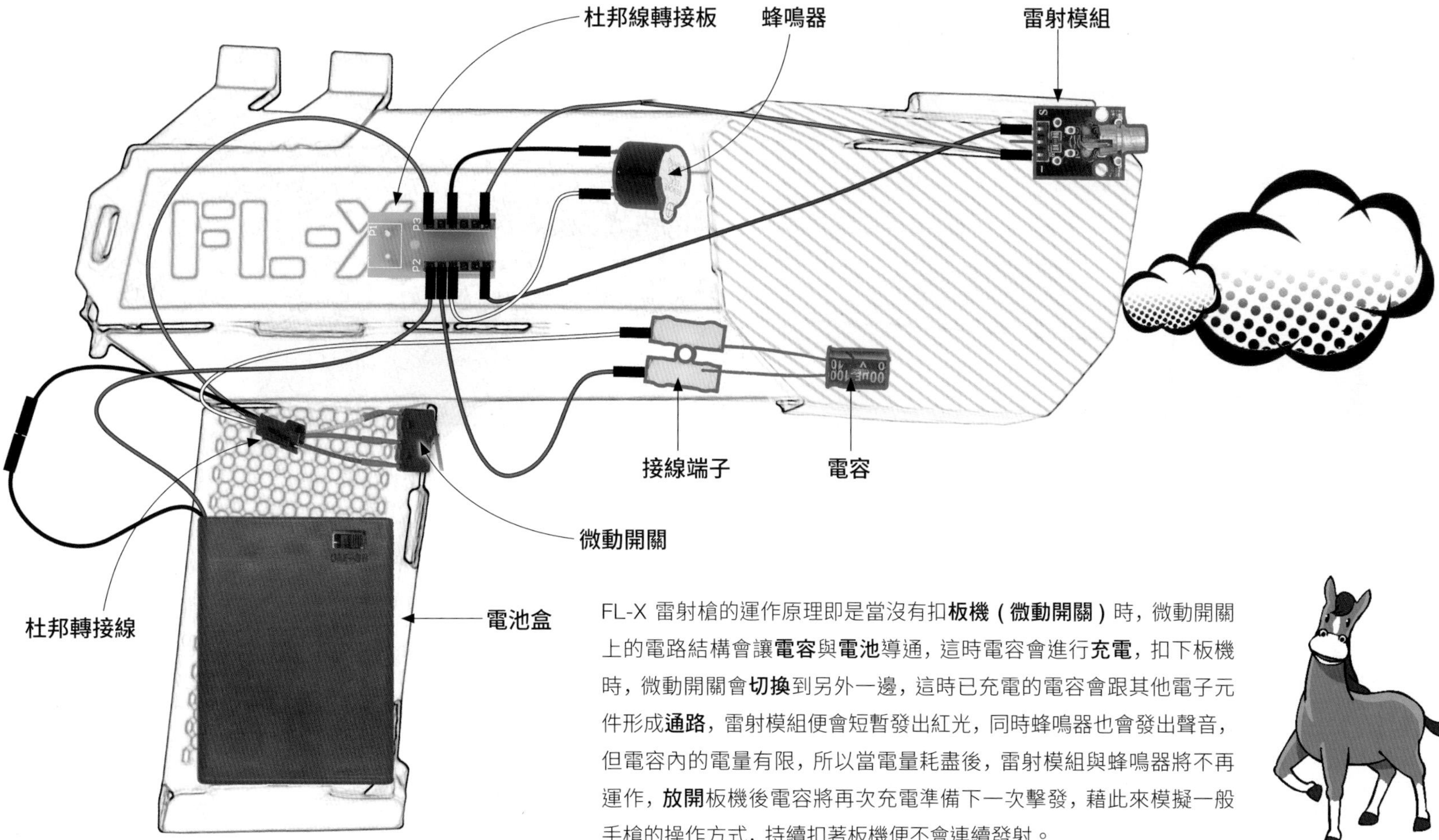

FL-X 雷射槍的運作原理即是當沒有扣**板機 (微動開關)** 時，微動開關上的電路結構會讓**電容**與**電池**導通，這時電容會進行**充電**，扣下板機時，微動開關會**切換**到另外一邊，這時已充電的電容會跟其他電子元件形成**通路**，雷射模組便會短暫發出紅光，同時蜂鳴器也會發出聲音，但電容內的電量有限，所以當電量耗盡後，雷射模組與蜂鳴器將不再運作，**放開**板機後電容將再次充電準備下一次擊發，藉此來模擬一般手槍的操作方式，持續扣著板機便不會連續發射。

CHAPTER 03

組裝靶機

有了雷射槍，當然少不了槍靶，接著我們就要來組裝靶機，由於靶機並無內置電池，需要由 USB 傳輸線供電，你可以選擇連接行動電源或市售 USB 變壓器來供電，當然也可以連接電腦供電。

3-1 靶機主體

靶機會接收**光敏電阻模組**傳來的訊號，判斷是否擊中靶心？計算分數並顯示於**數位顯示模組**，升降連接在**伺服馬達**上的槍靶，同時也會計時倒數限制遊戲時間。

需要的零件

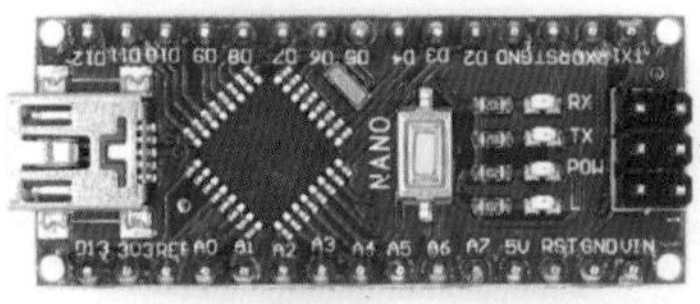

Arduino Nano 相容控制板

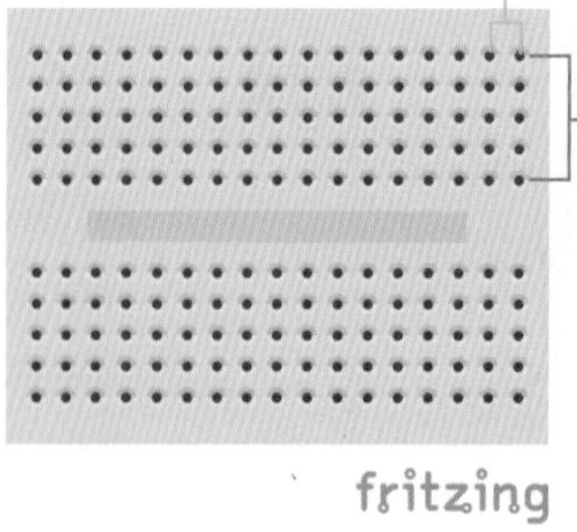

麵包板的表面有很多的插孔。插孔下方有相連的金屬夾，當零件的接腳插入麵包板時，實際上是插入金屬夾，進而和同一條金屬夾上的其他插孔上的零件接通。

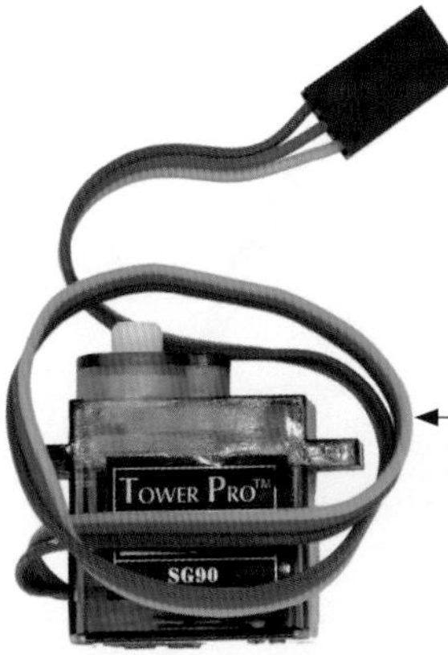

伺服馬達

數位顯示模組

光敏電阻模組

先插上單針排針

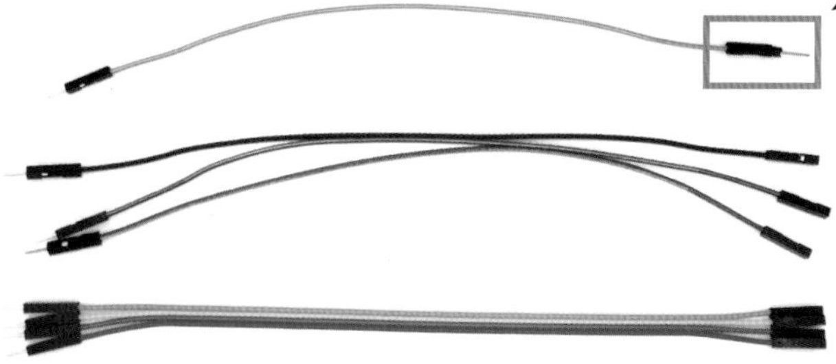

杜邦端子線 8 條

靶機外殼

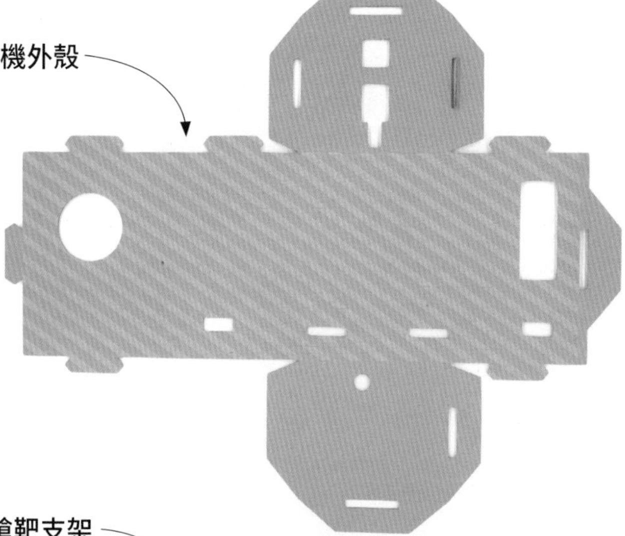

槍靶支架

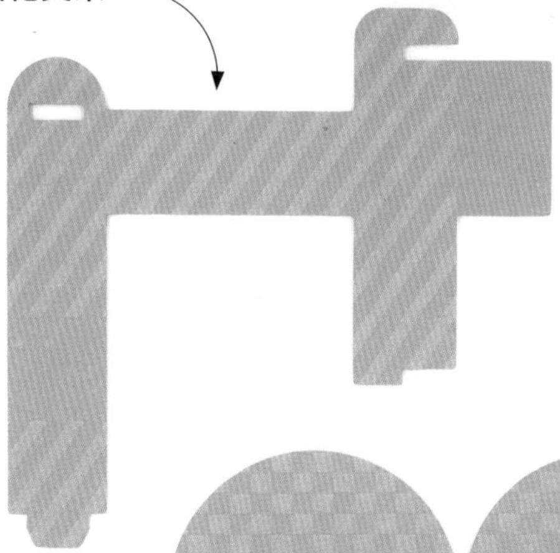

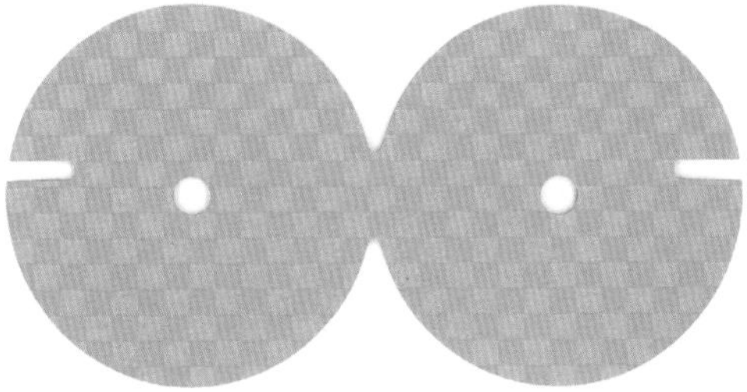

槍靶

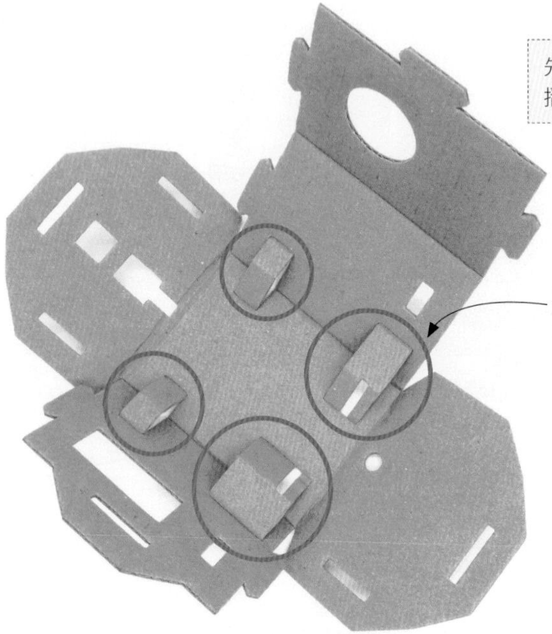

先將靶機紙板依照摺痕摺起

注意這 4 個 **直角支撐結構**需反摺

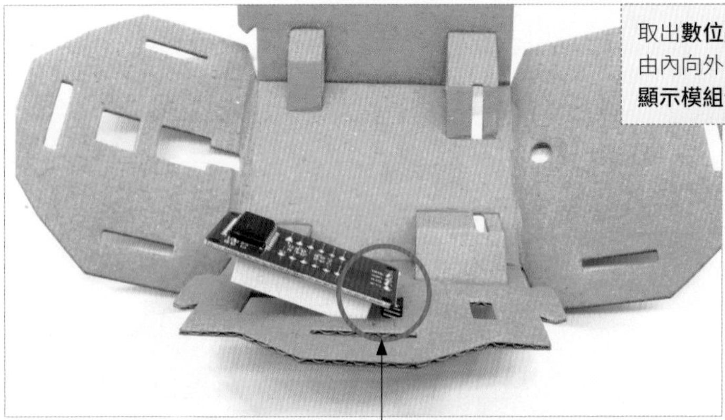

取出**數位顯示模組**由內向外置入**數位顯示模組位置**

模組上的**排針**需先穿過

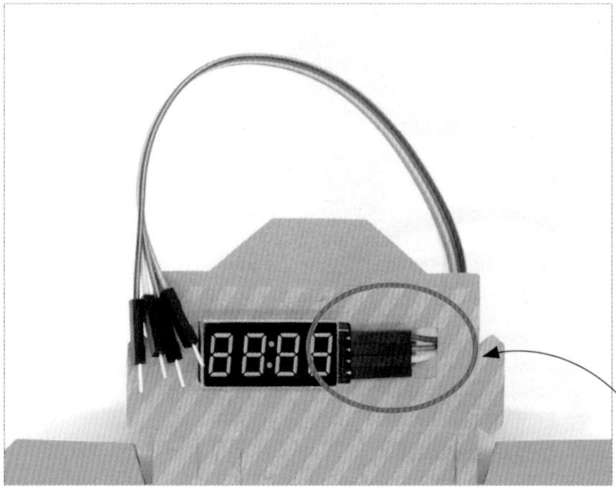

數位顯示模組需稍用力才能穿過，置入後便會固定

取出杜邦線 4 條 (藍綠黃橙) 由內向外穿出顯示模組旁的**方孔**，一端插至**數位顯示模組**上的腳位

由上而下依序為：
CLK(藍)、DIO(綠)、
VCC(黃)、GND(橙)

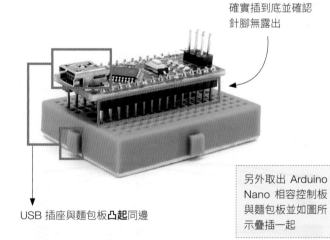

確實插到底並確認針腳無露出

另外取出 Arduino Nano 相容控制板與麵包板並如圖所示疊插一起

USB 插座與麵包板**凸起**同邊

上方間隔 2 排、
下方間隔 3 排

將 USB 插座朝左擺放時，**D12**、**D13** 腳位切齊麵包板最邊緣

模組上 **GND(** 橙線 **)**、**CLK(** 藍線 **)** 和 **DIO(** 綠線 **)** 分別插至麵包板上之控制板腳位 **GND**、**D2** 和 **D3**

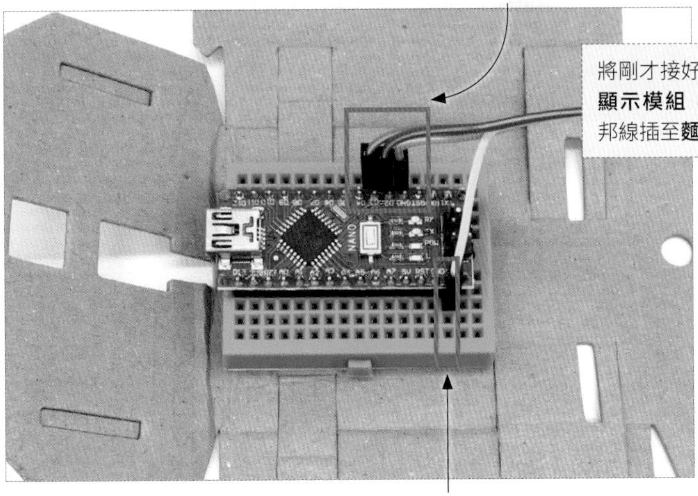

將剛才接好的**數位顯示模組** 4 條杜邦線插至**麵包版**上

VCC(黃 **)** 接至 **VIN** 下方腳位

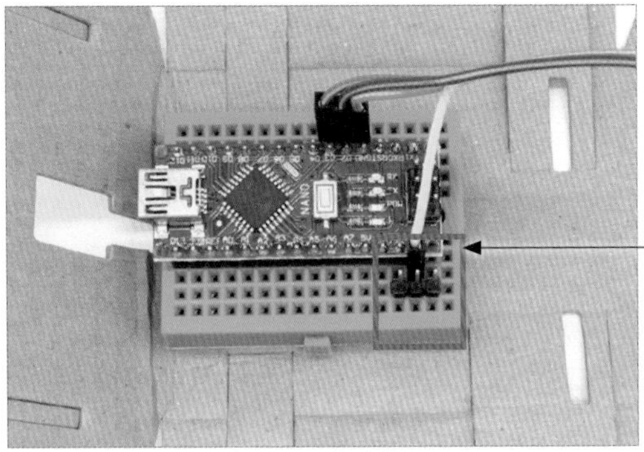

取出排針並折下 3 針插於麵包板對應控制板腳位 **GND**、**VIN** 以及**空腳位**

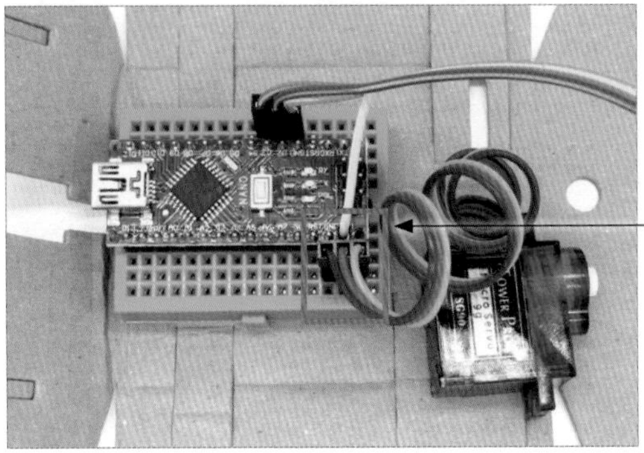

取出**伺服馬達**並將其**棕紅橘**杜邦線插至排針，**棕線**對應控制板腳位 **GND**、**紅線**對應 **VIN**

將已經插好單排針的杜邦橘線一頭插於伺服馬達橘線下方，另一頭則插於控制板腳位 D4 上方腳位

取出 3 條杜邦線**棕色**、**黑色**及**紫色**，分別將母頭插至**光敏模組**腳位 DO(棕線)、GND(黑線) 及 VCC(紫線)，接著將線組穿入靶機紙板方孔，穿入後**棕線**公頭插至控制板腳位 **D5** 上方，**黑線**插至控制板下排腳位 **GND** 下方，**紫線**則插於腳位 **VIN** 下方。

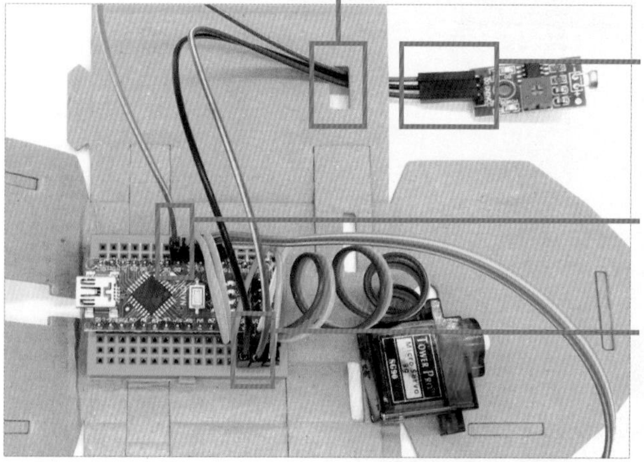

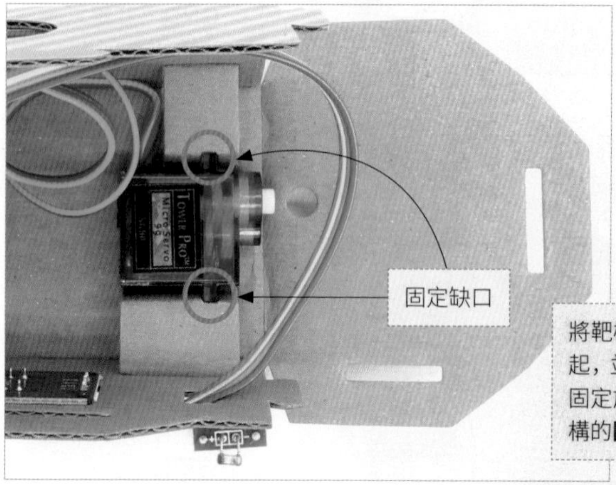

將靶機紙板前後摺起，並將**伺服馬達**固定於直角支撐結構的**固定缺口**之間

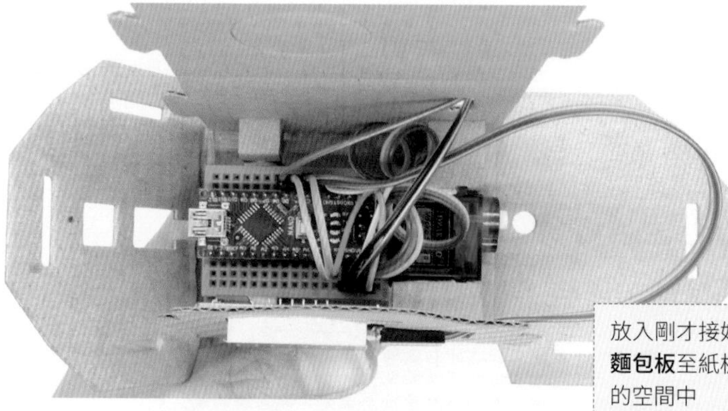

放入剛才接好線的**麵包板**至紙板摺起的空間中

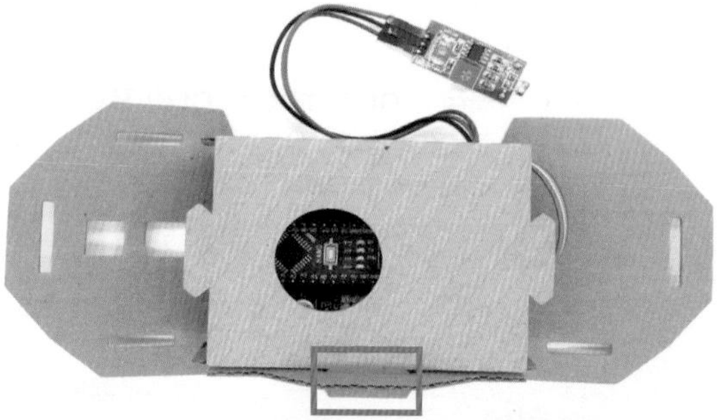

扣起靶機上面的固定扣

側邊摺起後扣上固定扣，兩側固定扣會稍微阻礙，慢慢施力即可扣上

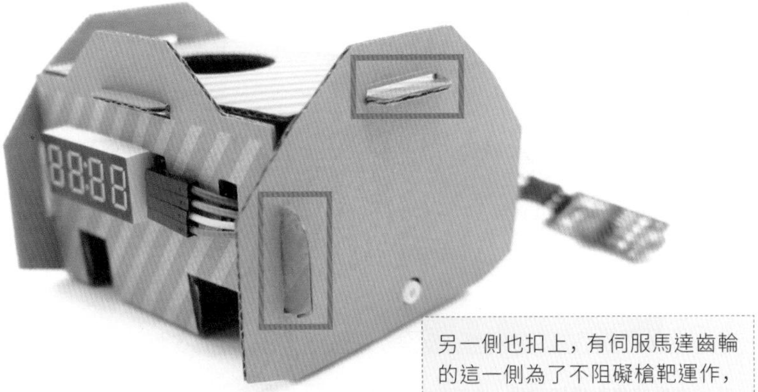

另一側也扣上，有伺服馬達齒輪的這一側為了不阻礙槍靶運作，設計上只使用 2 個固定扣

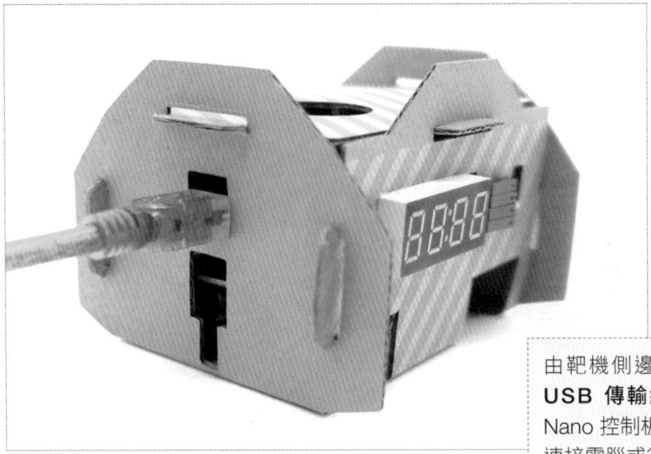

由靶機側邊接上 **mini USB 傳輸線**至內部的 Nano 控制板，另一邊則連接電腦或行動電源

3-2 光敏電阻模組校正與馬達歸零

我們的靶機本體已組裝完成，只剩槍靶尚未組裝上去，但在那之前我們得先將控制板通電，預先儲存的程式一開始會讓伺服馬達至特定位置，此時再裝上槍靶，槍靶轉動才會符合預期的效果。槍靶上的光敏電阻模組也需要調整臨界值以便符合環境光線，否則就會發生雷射尚未射中槍靶，光敏電阻模組卻一直不斷傳送訊號給控制板以為擊中的情況。

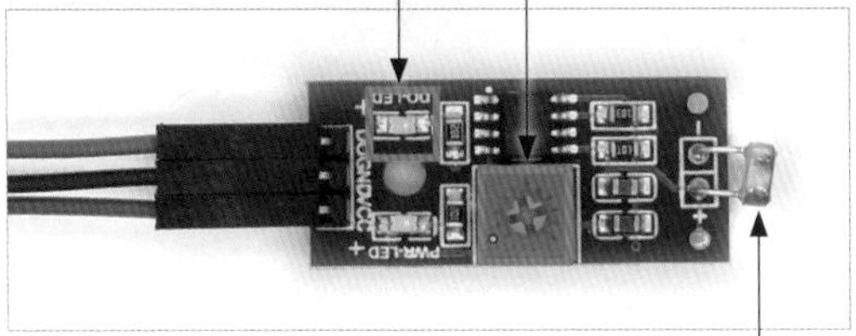

控制板通電後，若看到**光敏電阻模組**上面的指示燈 **DO-LED** 亮起，表示光敏電阻模組感測到的亮度大於所設定的臨界值，我們可以使用螺絲起子來轉動模組上的**可變電阻**調整臨界值

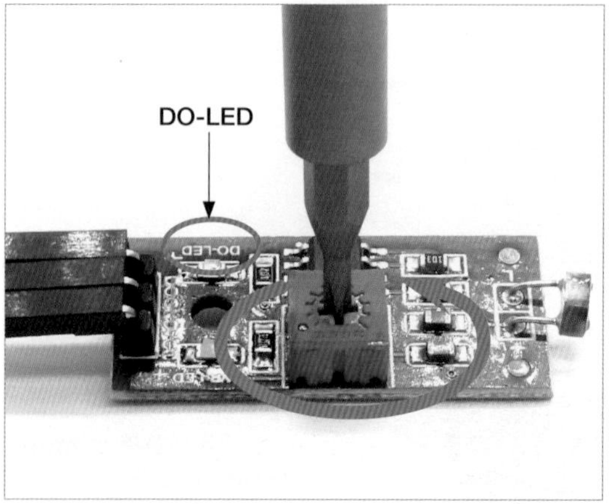

螺絲起子以**逆時針**方向**緩慢**轉動，直到 **DO-LED** 指示燈**熄滅**，就不須再轉。若不慎轉太多可能會讓臨界值大於雷射光的亮度，建議可以來回轉動找到剛好熄滅的臨界值

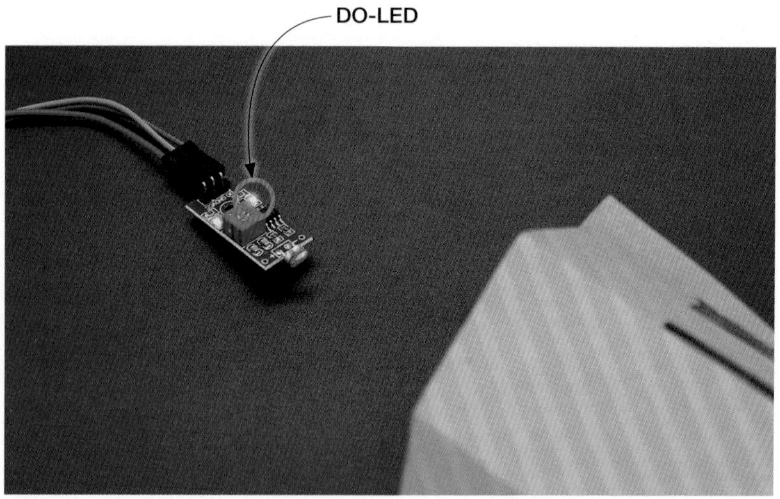

調整好臨界值後，可拿出已經組好的 FL-X 雷射槍來做測試，若是雷射擊中光敏電阻模組上的光敏電阻，同時模組上的 **DO-LED** 有亮起的話，表示這樣的調整是正確的

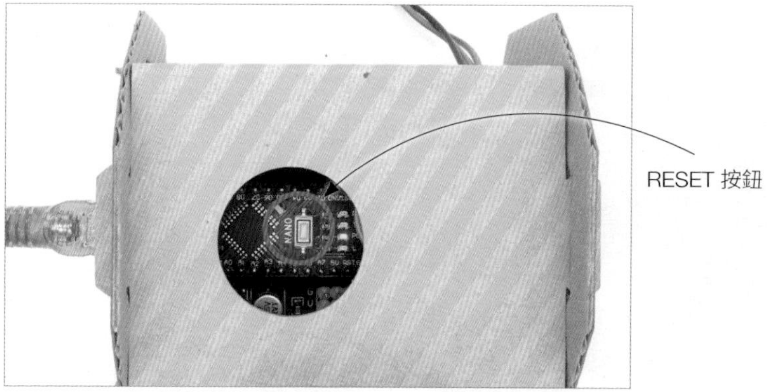

接著我們要將**伺服馬達**歸零，由靶機上方的圓孔按壓 **Nano 控制板**上的 **RESET** 按鈕，這樣一來程式就會重新開始執行

程式重新開始執行後，觀察靶機正面的**數位顯示模組**所顯示的訊息，會看到 **3333** 接著變成 **2222**... 倒數著，這是遊戲開始前的倒數計時，此時**伺服馬達**齒輪的角度就會是在歸零的狀態，請在出現 **1111** 之前移除電源，如果你錯過了，只需要再次按下 **RESET**，等再次看到 **3333** 即可移除電源並繼續組裝

3-3 槍靶與靶機結合

最後我們要將槍靶與靶機結合，在過程中會使用**攻牙螺絲（尖頭）**，鑽孔的過程請務必小心以策安全。

需要的零件

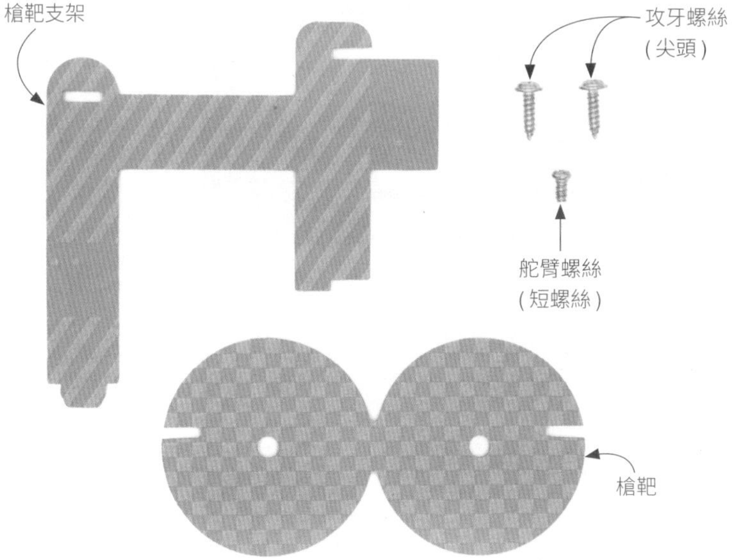

使用螺絲起子或筆尖在小圓點的地方先稍微戳出壓痕

攻牙螺絲一共 2 顆，取用 1 顆即可

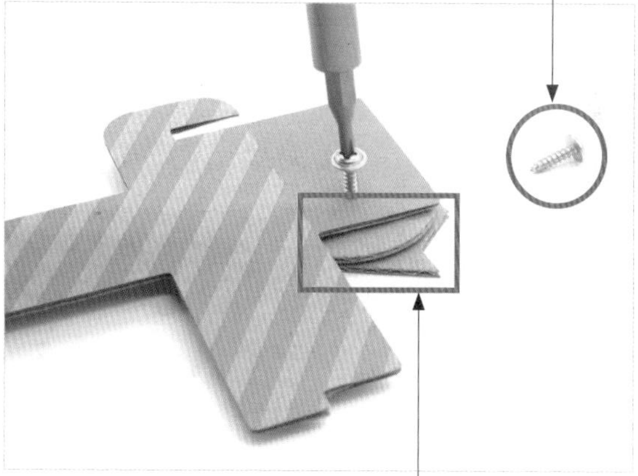

再使用**伺服馬達組**的**攻牙螺絲（尖頭）**引孔，引孔的目的是為了待會我們要用 M2 螺絲穿過並固定光敏電阻模組

引孔的時候，下方可以放置紙板移除的餘料，以免損傷桌面

⚠ 使用攻牙螺絲務必小心，鎖上螺絲的過程皆避免將手指抵在螺絲行進方向，以防螺絲穿刺手指

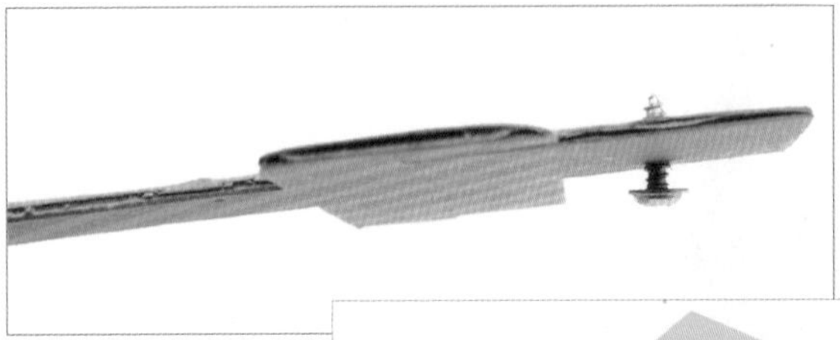

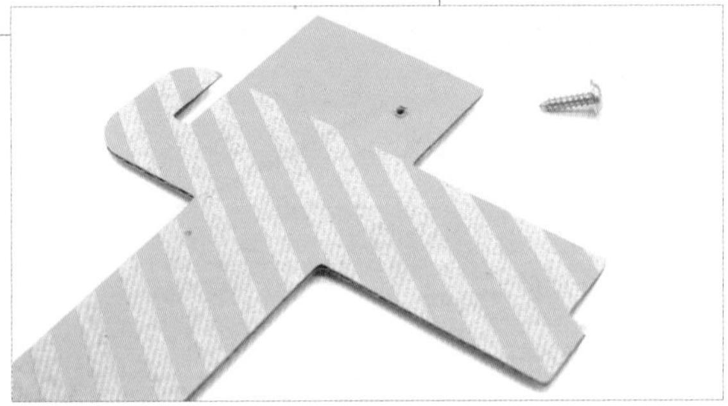

接著將**攻牙螺絲**退出，完成引孔動作

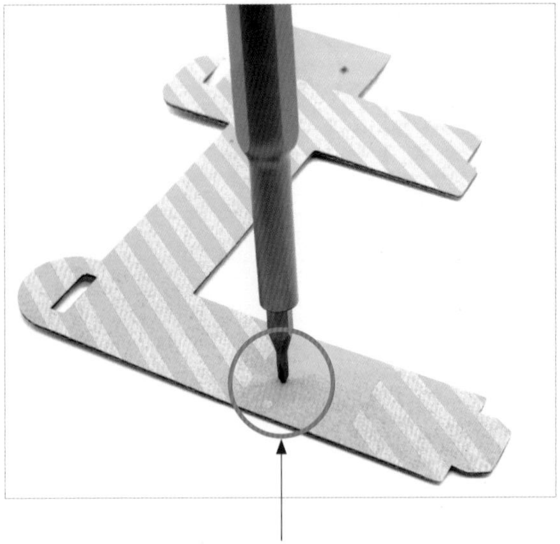

圓點

槍靶支架下方還有 2 個圓點，這是要固定伺服馬達**短舵臂**的位置，相同方法，一樣先用螺絲起子或筆尖先壓出痕跡

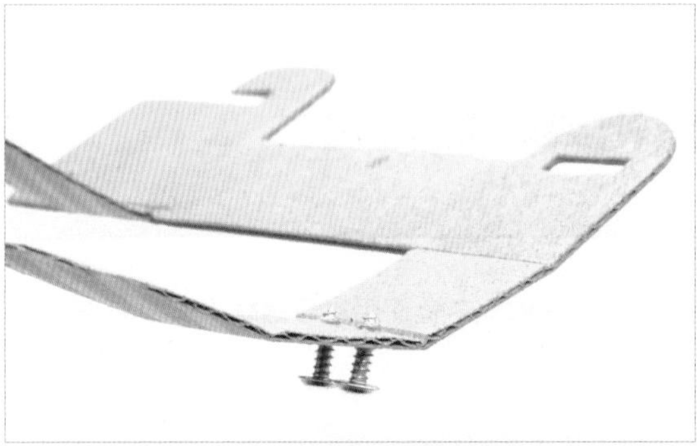

由紙板正面（有印刷圖樣）鎖入 2 顆**攻牙螺絲**使其穿過紙板，這時候就沒有要將螺絲退出，我們接著要直接鎖上**短舵臂**

舵臂**凸面**與紙板正面同方向

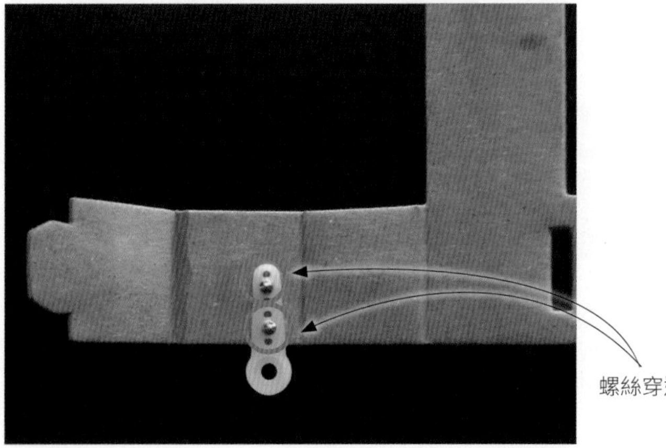

螺絲穿過位置

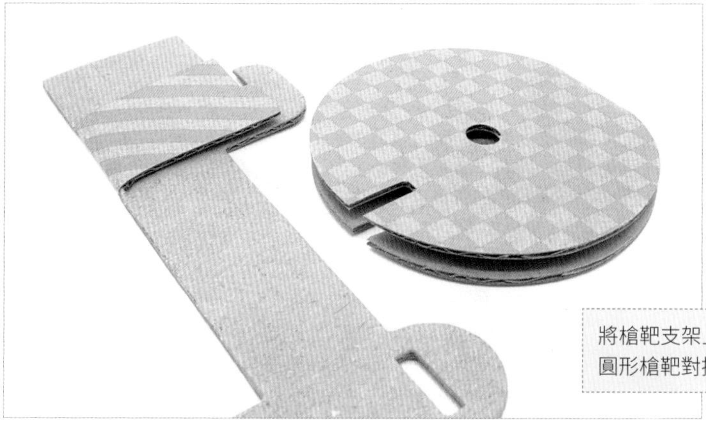

將槍靶支架上方與圓形槍靶對摺

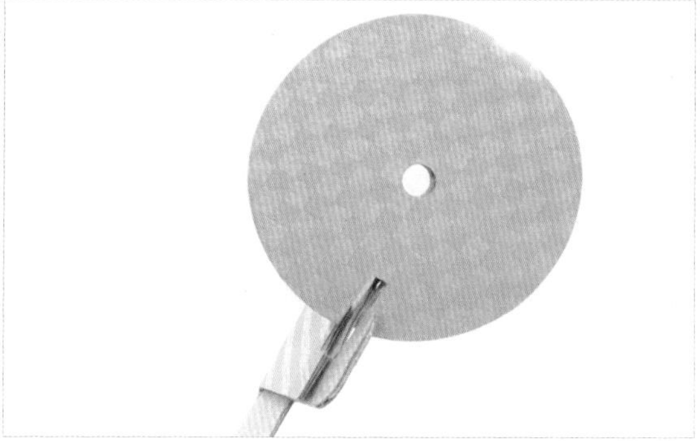

再將兩件依缺口相互卡入

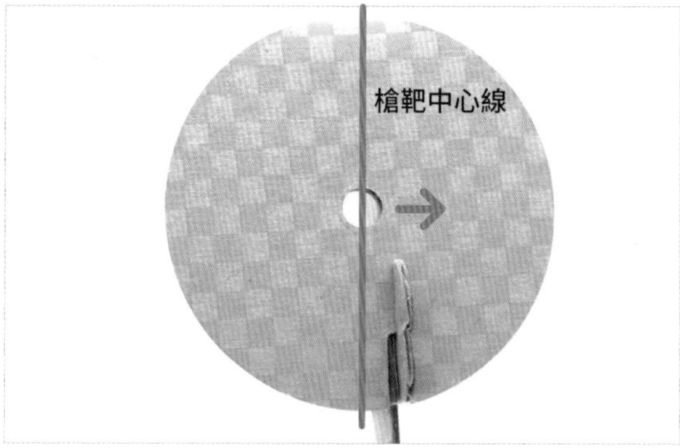

圓型槍靶**中心圓孔**偏向槍靶支架背面

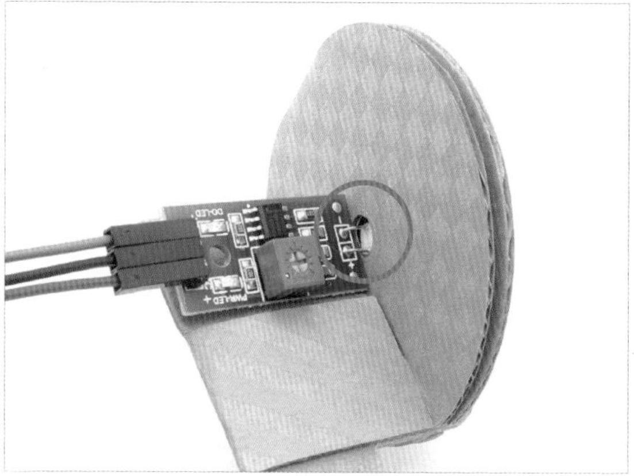

將**光敏電阻模組**置於圓型槍靶後方，模組上的**光敏電阻**穿入圓孔

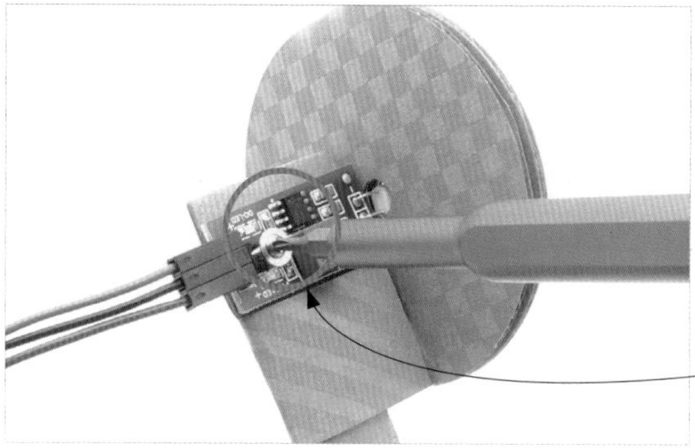

使用 M2 螺絲穿過模組和槍靶支架上的孔位，若剛才引孔過小，可以使用螺絲起子將其擴大以利螺絲穿過

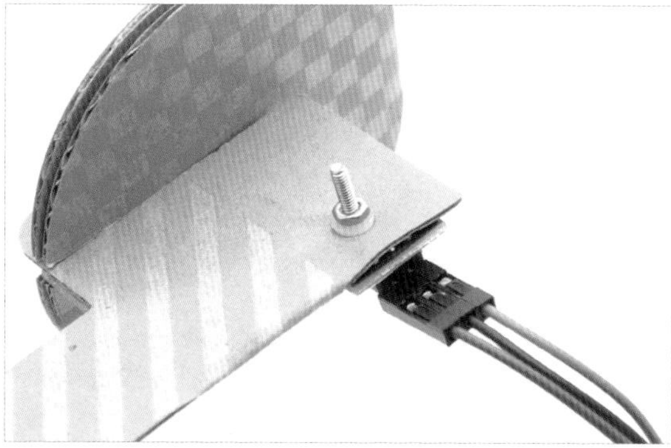

螺絲穿出後，套上**墊片**並鎖上**螺帽**固定

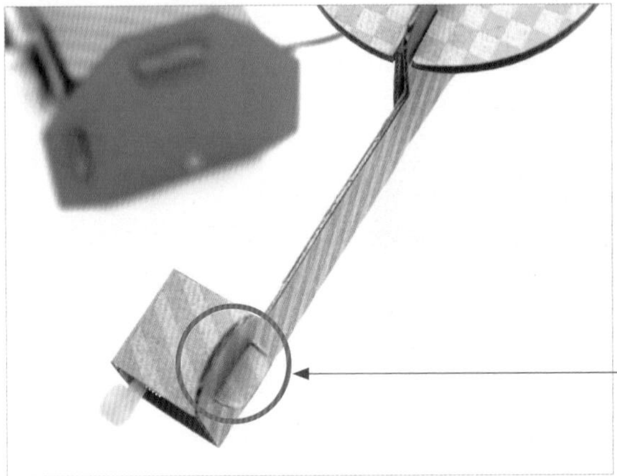

摺起槍靶支架**底部**並扣上固定扣

固定扣

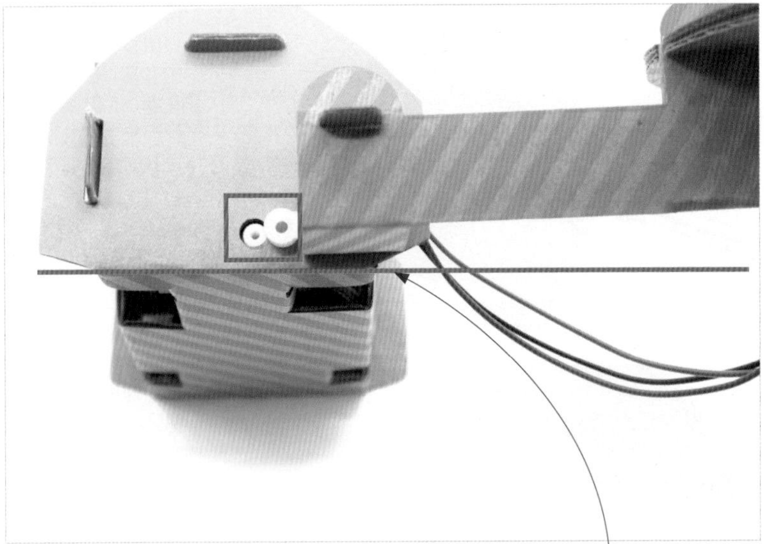

將槍靶上的**舵臂**以水平靶機角度套上靶機**側面**的伺服馬達**齒輪**，這邊需要稍微費力才能套上

與靶機平行

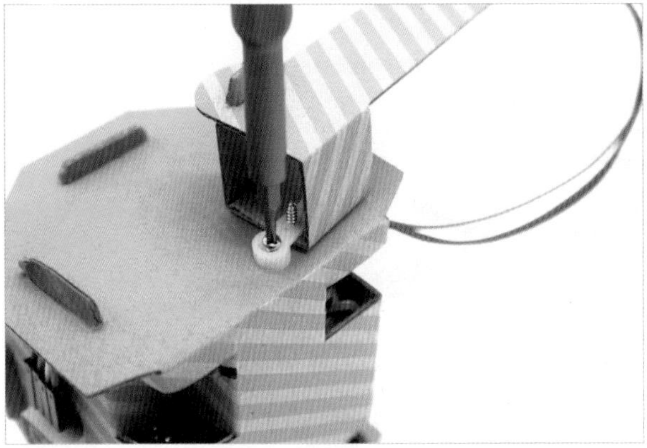

最後鎖上**舵臂螺絲**即完成

3-4 FL-X 雷射槍大亂鬥

由於套件內的 **Nano 控制板**已經預先燒錄好程式，完成靶機後我們就可以搭配**雷射槍**來體驗刺激的限時計分賽了！靶機通電後，槍靶會呈現水平狀態，同時數位顯示模組畫面上會顯示開始遊戲前的預備倒數計時 **3333**、**2222**... 待畫面出現 **go:go** 後便開始遊戲，這時槍靶會升起，開始體驗刺激的計分賽吧！

遊戲開始前的預備倒數

遊戲限時 30 秒，每次擊中槍靶會倒下 1 秒，並計分於顯示模組上，再次升起後即可繼續射擊。

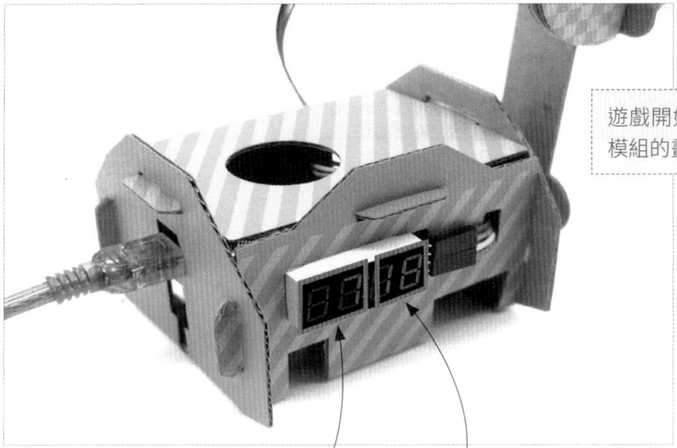

遊戲開始後，顯示模組的畫面

左邊兩位數為遊戲時間倒數

右邊兩位數為擊中次數

遊戲時間結束後，槍靶會回到水平狀態，並顯示最後成績，8 秒後遊戲會重新開始。

MEMO

CHAPTER 04

用積木設計程式

將靶機變成料理計時器

組裝完享受雷射槍射擊快感後，這一章我們要來看看如何控制靶機，學習控制板的基本知識並撰寫程式，最後製作出一個料理計時器，避免把食物煮過頭。

4-1 靶機的架構

在本套件中，靶機的架構如下：

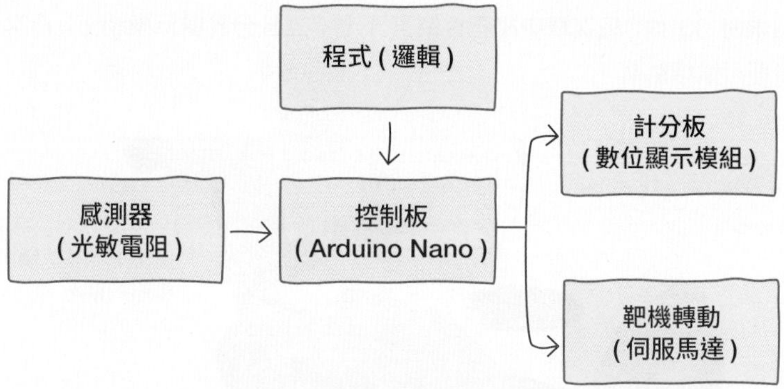

感測器負責偵測雷射光，並且將偵測結果送給控制板，控制板會依照寫好的程式所描述的邏輯流程運作。組裝完時控制板內存有我們預先準備的程式，會在偵測到雷射光時送出訊號將槍靶轉平，1 秒後再升起。在這一章中，我們要自己撰寫程式，置換掉預先儲存的程式，讓控制板依據不同的需求運作。

4-2 Arduino Nano 控制板簡介

Arduino Nano 是一片單晶片開發板，你可以將它想成是一部小電腦，可以執行透過程式描述的運作流程，並且可藉由兩側的針腳控制外部的電子元件，或是從外部電子元件獲取資訊。組裝時使用的杜邦線，就可以將電子元件連接到輸出入針腳。

像是在我們的靶機中，就是利用標示為 D5 的針腳連接光敏電阻，讀取雷射光感測結果，並使用標示為 D4 的針腳控制槍靶轉動升降，再使用標示為 D2 與 D3 的針腳控制數位顯示模組顯示分數。

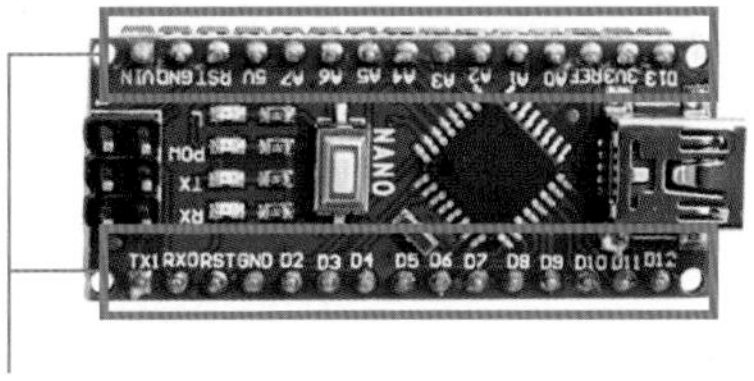

輸出入針腳旁邊都有標示編號

⚠ 針腳也稱『腳位』。

4-3 降低入門門檻的 Flag's Block

了解了控制板後，我們要讓它真正活起來，而它的靈魂就是運行在上面的程式，為了降低學習程式設計的入門門檻，**旗標**公司特別開發了一套圖像式的積木開發環境 - Flag's Block，有別於傳統文字寫作的程式設計模式，Flag's Block 使用積木組合的方式來設計邏輯流程，加上全中文的介面，能大幅降低一般人對程式設計的恐懼感。

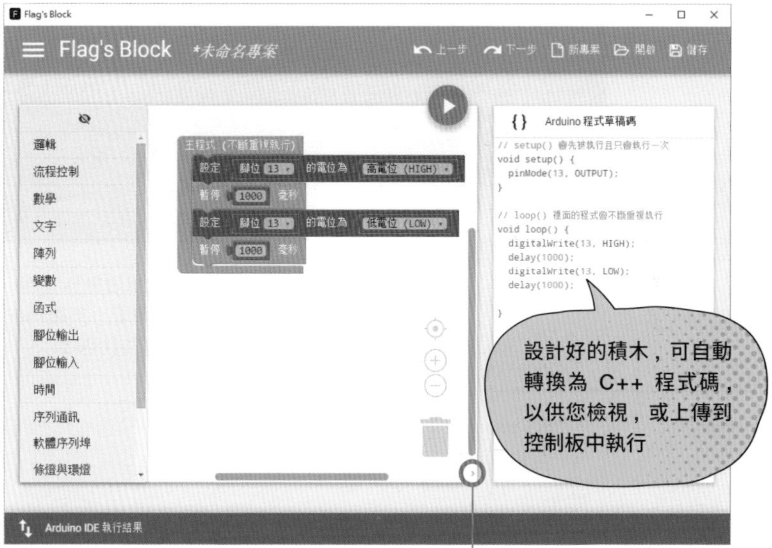

可以輕鬆設計程式的 Flag's Block

按此鈕可開啟 (或關閉)
右側的程式碼窗格

4-4 使用 Flag's Block 開發程式

安裝與設定 Flag's Block

請使用瀏覽器連線 http://www.flag.com.tw/maker/download/FM615A 下載 Flag's Block，下載後請雙按該檔案，如下進行安裝：

如果出現風險警告視窗，請按**其他資訊**，然後再按**仍要執行**鈕進行安裝

1 將資料夾修改為 "C:\"

2 按此鈕開始解壓縮安裝

安裝完畢後，請執行『**檔案總管**』，切換到 "C：\FlagsBlock" 資料夾，依照下面步驟開啟 Flag's Block 然後安裝驅動程式：

1 雙按 **Start.exe** 檔案

若出現 **Windows 安全性警訊** (防火牆) 的詢問交談窗，請選取**允許存取**

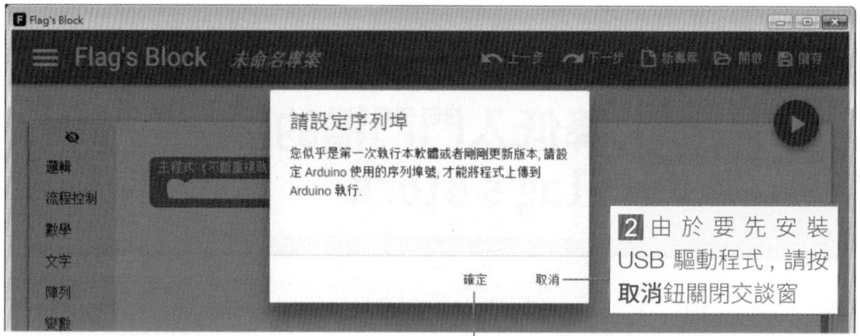

2 由於要先安裝 USB 驅動程式，請按**取消**鈕關閉交談窗

若您之前已安裝過驅動程式，可按**確定**鈕參考下頁直接進行設定

3 按此鈕開啟選單

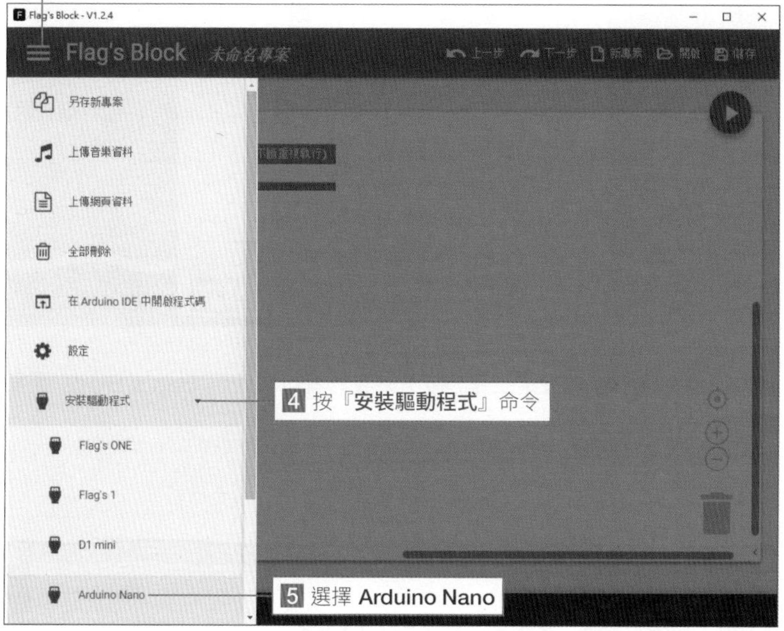

6 按此鈕進行安裝

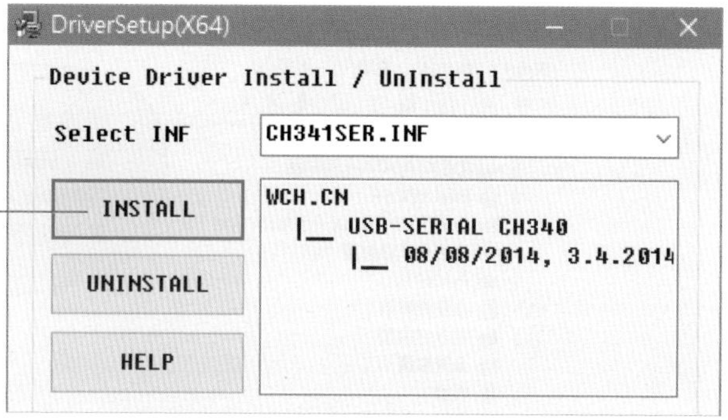

看到 success 便表示安裝成功了！

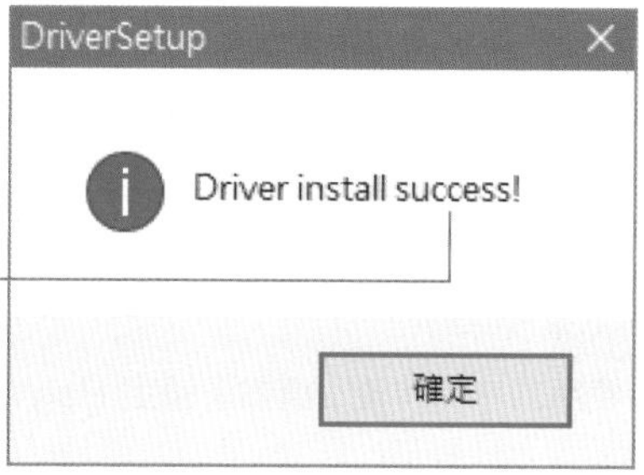

這個驅動程式可以讓電腦透過 USB 傳輸線與控制板互傳資料，稍後我們寫好的程式就會透過這個管道上傳到控制板執行。

⚠ 如果安裝失敗，可以試著先把 USB 傳輸線接上靶機，再執行安裝程式。

連接靶機

安裝好驅動程式後，就可以把 USB 線接上靶機內的控制板，接著在電腦左下角的開始圖示 ⊞ 上按右鈕執行『**裝置管理員**』命令 (Windows 10 系統)，或執行『**開始 / 控制台 / 系統及安全性 / 系統 / 裝置管理員**』命令 (Windows 7 系統)，來開啟裝置管理員，尋找控制板使用的序列埠：

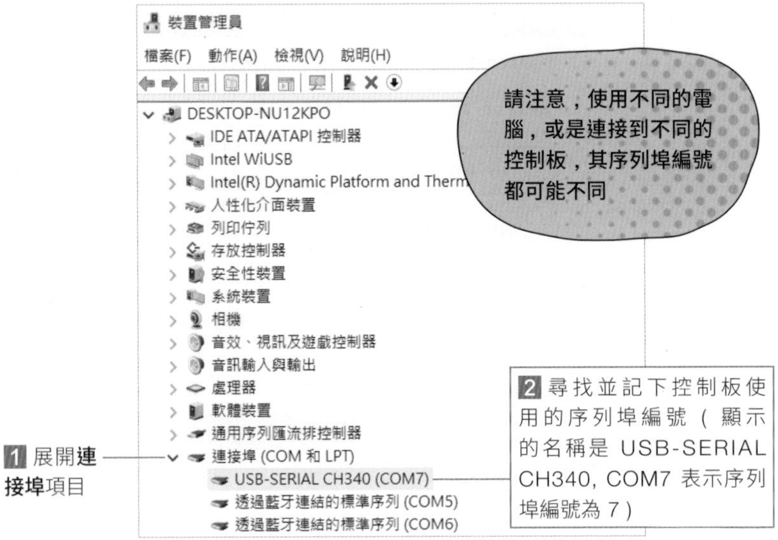

找到控制板使用的序列埠後，請如下設定 Flag's Block：

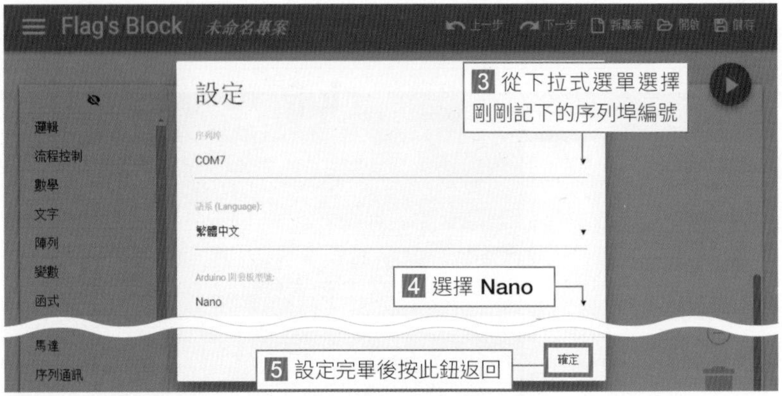

目前已經完成安裝與設定工作，接下來我們就可以使用 Flag's Block 開發程式了。

4-5 控制槍靶升降

槍靶的升降是透過伺服馬達的旋轉來控制，伺服馬達是一種可以直接控制旋轉角度的馬達，可控制的範圍在 0~180° 之間，如右所示：

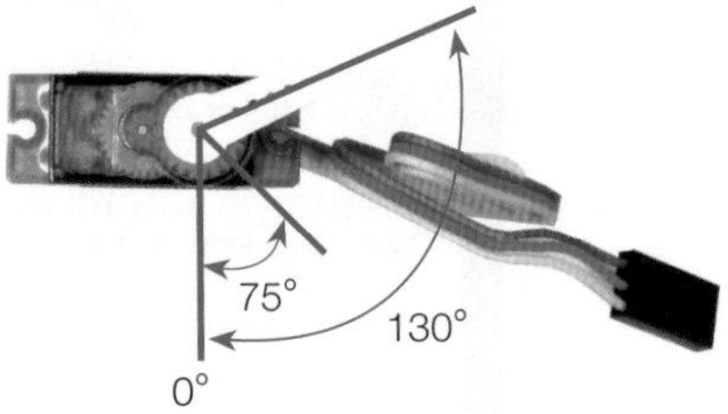

只要讓伺服馬達在特定的兩個角度之間來回，就可以達到讓槍靶來回揮動的效果。下一節就會說明如何透過撰寫程式控制伺服馬達。

4-6 Flag's Block 的程式寫法

以積木為主角的程式設計方法

在 Flag's Block 中，是透過不同種類的積木來代表要執行的動作，例如：

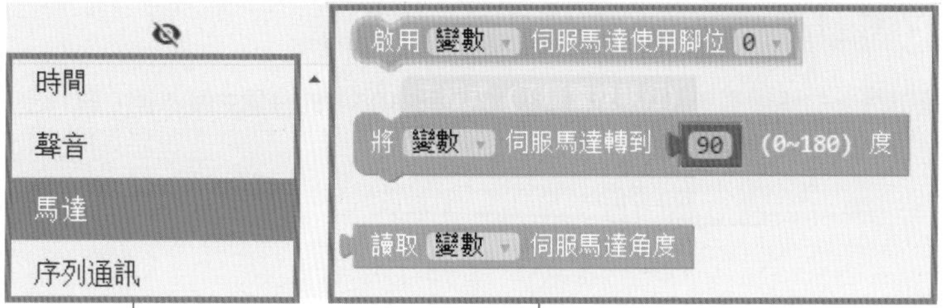

積木分類　　可用的積木

上圖中左邊是積木的分類，右邊是該分類下可以使用的積木，例如控制伺服馬達要用的就是**馬達**分類下的**啟用 ... 伺服馬達使用腳位 0** 積木：

可自由命名的伺服馬達名稱

連接伺服馬達控制訊號線 (就是從伺服馬達延伸出來的橘色線) 的針腳編號

積木中伺服馬達預設的名稱為『變數』，通常我們會更改為具有意義的名稱，例如『靶機馬達』。之後使用到控制伺服馬達的其他積木時，都以此名稱來指定要控制的是哪一個伺服馬達。另外，在本套件中靶機馬達的橘色線是連接到 D4 針腳，因此使用上述積木時就要改成**腳位 4**。

⚠ 本套件的實驗程式都會以『中文名稱_英文名稱』的方式來命名，在查找時會比較方便，不論認中文或是英文都可以。

⚠ 稍後進行實驗時會帶著大家操作修改名稱與指定針腳的步驟，這裡只要先瞭解個別積木的功能即可。

有了指定伺服馬達名稱與連接針腳的積木後，就可以利用**馬達**分類下的**將 ... 伺服馬達轉到 90 度**積木控制伺服馬達，例如：

選取剛剛幫伺服馬達取好的名稱

指定要旋轉到的角度

就可以將伺服馬達旋轉到 75 °。

⚠ 靶機上的伺服馬達是以 0° 時將槍靶躺平組裝上去，因此將伺服馬達轉到 0°，就是轉平槍靶，而轉到 90° 時，就是將槍靶轉上來。

程式流程

在 Flag's Block 中，有 2 個特別的積木會影響程式執行的流程，一個是**流程控制**分類下的 **SETUP 設定**積木：

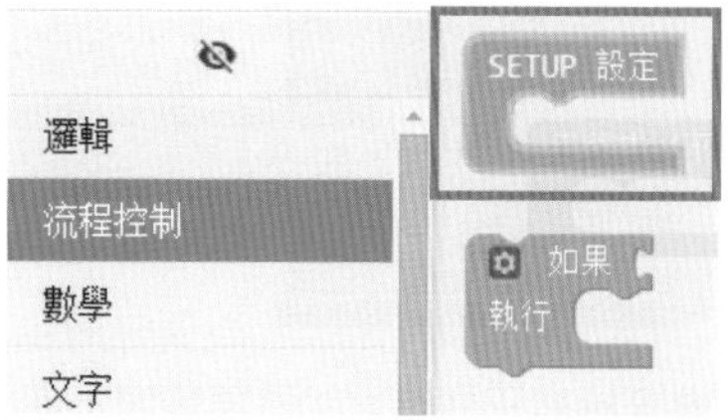

另一個則是一開啟 Flag's Block 時預設就會有的**主程式 (不斷重複執行)** 積木：

Flag's Block - V1.2.4
Flag's Block 未命名專案
邏輯
流程控制
主程式（不斷重複執行）

程式會以如右的流程進行：

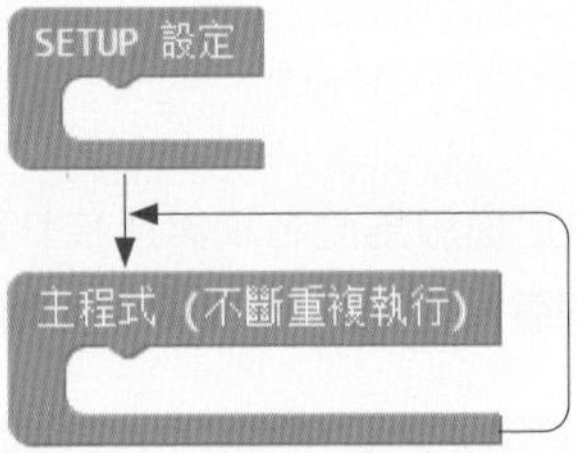
SETUP 設定
主程式（不斷重複執行）

程式會先執行 **SETUP 設定**積木，然後執行**主程式 (不斷重複執行)** 積木後再重複執行**主程式 (不斷重複執行)** 積木，永不終止。因此，我們會把準備工作放入 **SETUP 設定**積木內，並將實際的工作放入**主程式 (不斷重複執行)** 積木中。例如，稍後我們要製作的槍靶不斷來回揮舞的實驗，程式就會如下：

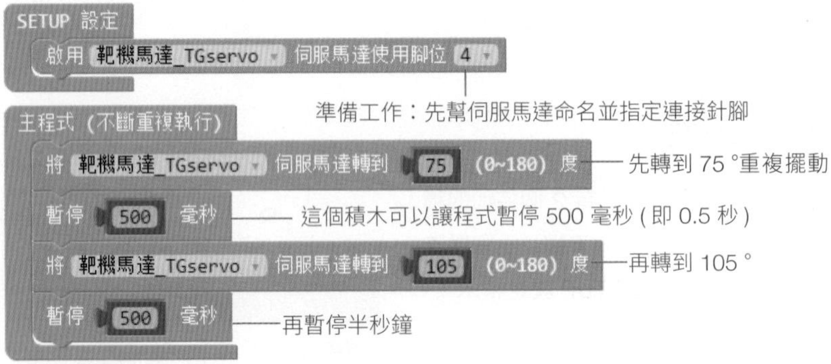
SETUP 設定
啟用 靶機馬達_TGservo 伺服馬達使用腳位 4
準備工作：先幫伺服馬達命名並指定連接針腳
主程式（不斷重複執行）
將 靶機馬達_TGservo 伺服馬達轉到 75 (0~180) 度
先轉到 75 °重複擺動
暫停 500 毫秒
這個積木可以讓程式暫停 500 毫秒 (即 0.5 秒)
將 靶機馬達_TGservo 伺服馬達轉到 105 (0~180) 度
再轉到 105 °
暫停 500 毫秒
再暫停半秒鐘

實際撰寫程式時，就是要如同上圖將積木拼接在一起，描述運作的流程。接著，就讓我們跟著實驗步驟試試看，把上圖的程式實作出來吧！

LAB 01

控制伺服馬達讓靶機揮揮手

✔ 實驗目的

利用簡單的程式，學習使用 Flag's Block 環境撰寫程式的流程，熟悉程式的基本要素，並且瞭解伺服馬達的工作原理與控制方式。

✔ 設計原理

讓靶機上的伺服馬達每 0.5 秒鐘在 75 ° 與 105 ° 的位置之間來回，達到揮動槍靶的效果。

設計程式

1 開啟 Flag's Block，完成準備工作：

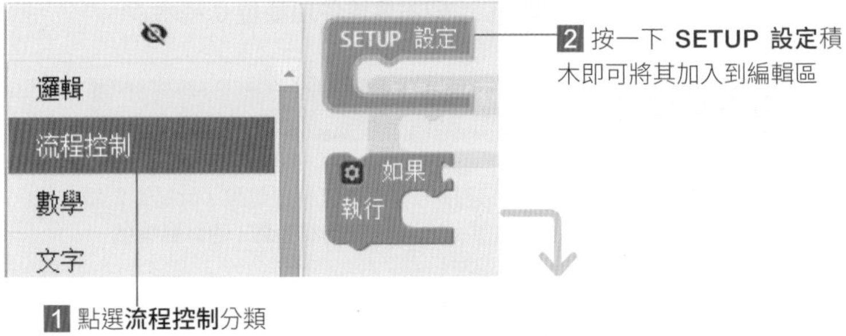
邏輯
流程控制
數學
文字
SETUP 設定
如果
執行
2 按一下 **SETUP 設定**積木即可將其加入到編輯區
1 點選**流程控制**分類

3 點選**馬達**分類

4 按一下**啟用 ... 伺服馬達使用腳位 0** 積木加入到編輯區

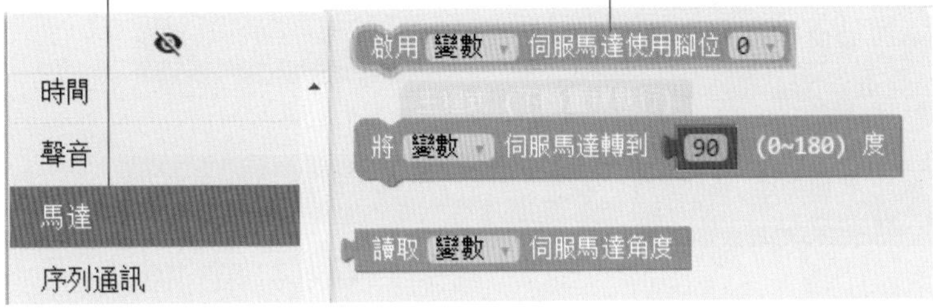

5 按一下**變數**

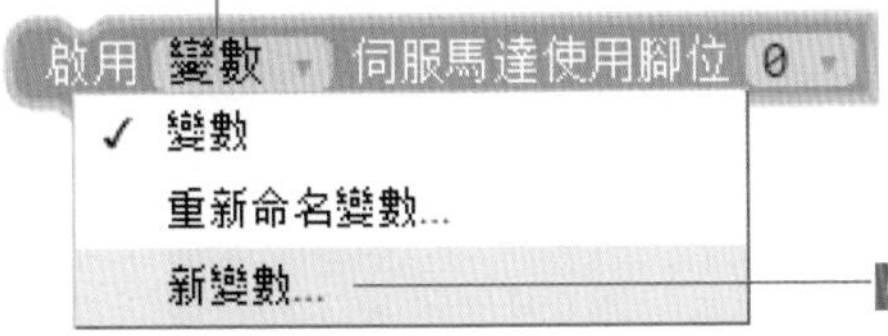

6 選取**新變數**

7 鍵入『靶機馬達 _TGservo』

8 按**確定**

9 按一下 0

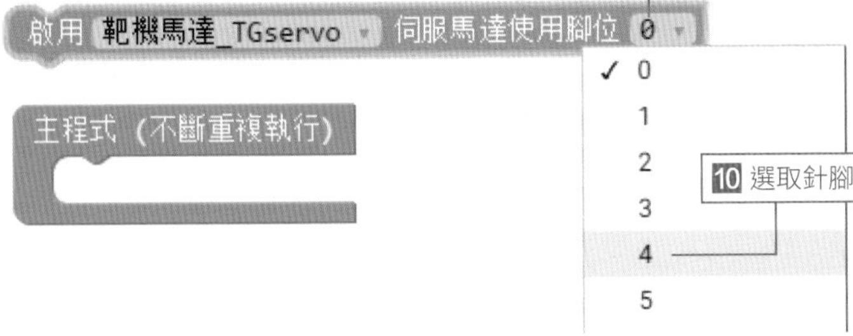

10 選取針腳編號 4

11 將伺服馬達積木拖到 **SETUP 設定**積木內

12 缺口與突起處靠近出現黃色線時放開滑鼠按鈕

13 兩個積木會緊緊組合在一起

⚠ 請記得組合的方式，稍後的步驟就不會再顯示詳細分解動作了。

2 加入揮舞的前半段動作：

1 加入**馬達**分類下的**將 ... 伺服馬達轉到 90 度**積木到**主程式 (不斷重複執行)** 中

3 將 90 改為 75

2 點開清單後選取剛剛取好的伺服馬達名稱**靶機馬達 _TGserver**

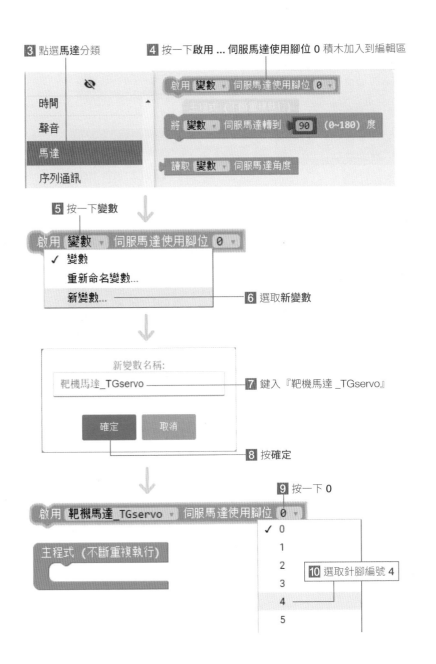

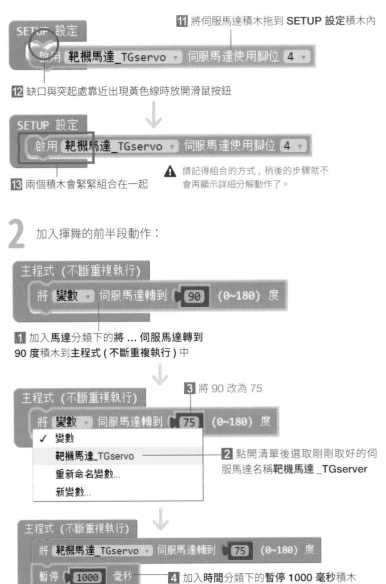

4 加入**時間**分類下的**暫停 1000 毫秒**積木

主程式（不斷重複執行）
將 靶機馬達_TGservo 伺服馬達轉到 75 (0~180) 度
暫停 500 毫秒
5 將 1000 改為 500
毫秒就是 1/1000 秒，所以 500 毫秒就等於半秒鐘

3 加入揮舞的後半段動作：

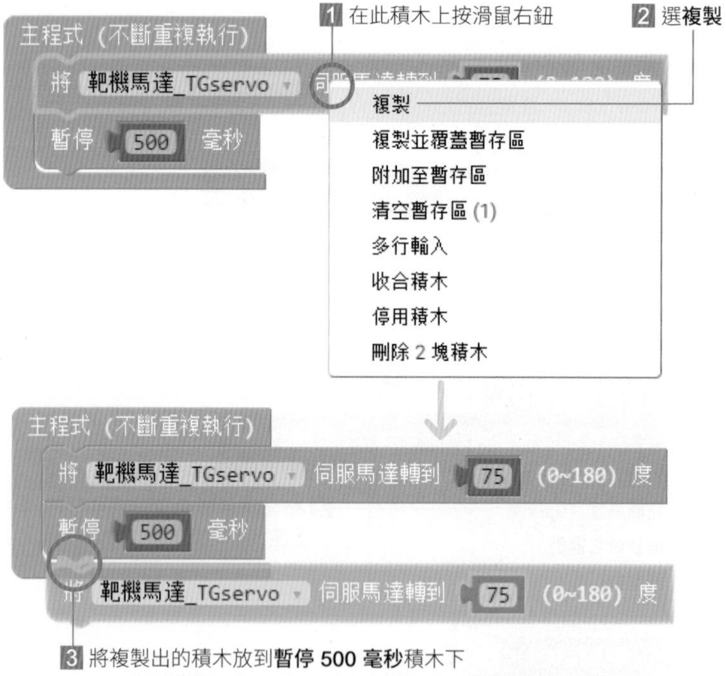
1 在此積木上按滑鼠右鈕
2 選複製
主程式（不斷重複執行）
將 靶機馬達_TGservo
暫停 500 毫秒
複製
複製並覆蓋暫存區
附加至暫存區
清空暫存區 (1)
多行輸入
收合積木
停用積木
刪除 2 塊積木
主程式（不斷重複執行）
將 靶機馬達_TGservo 伺服馬達轉到 75 (0~180) 度
暫停 500 毫秒
將 靶機馬達_TGservo 伺服馬達轉到 75 (0~180) 度
3 將複製出的積木放到暫停 500 毫秒積木下

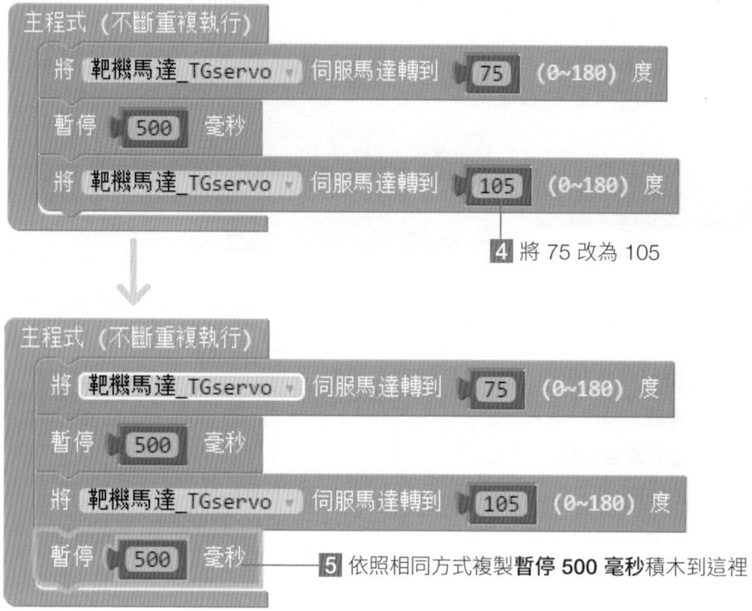
主程式（不斷重複執行）
將 靶機馬達_TGservo 伺服馬達轉到 75 (0~180) 度
暫停 500 毫秒
將 靶機馬達_TGservo 伺服馬達轉到 105 (0~180) 度
4 將 75 改為 105
主程式（不斷重複執行）
將 靶機馬達_TGservo 伺服馬達轉到 75 (0~180) 度
暫停 500 毫秒
將 靶機馬達_TGservo 伺服馬達轉到 105 (0~180) 度
暫停 500 毫秒
5 依照相同方式複製暫停 500 毫秒積木到這裡

程式解說

上述程式就是依照前面的說明，先將槍靶擺到 75 ° 位置 ，暫停 0.5 秒後再擺到 105 ° 位置，暫停 0.5 秒後再重複一樣的動作，因此看到的就是槍靶不斷揮舞了。

儲存專案

程式設計完畢後，請先儲存專案：

按**儲存**鈕即可儲存專案

軟體補給站 如果看不到儲存鈕

如果因為畫面太窄看不到儲存鈕，請開啟選單即可執行『**儲存**』命令：

1 按此鈕開啟選單

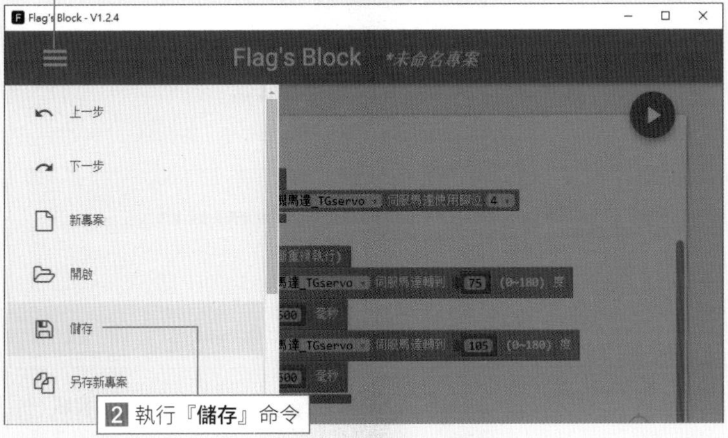

2 執行『**儲存**』命令

如果是新專案第一次儲存，會出現交談窗讓您選擇想要儲存專案的資料夾及輸入檔名：

1 切換到想要儲存專案的資料夾

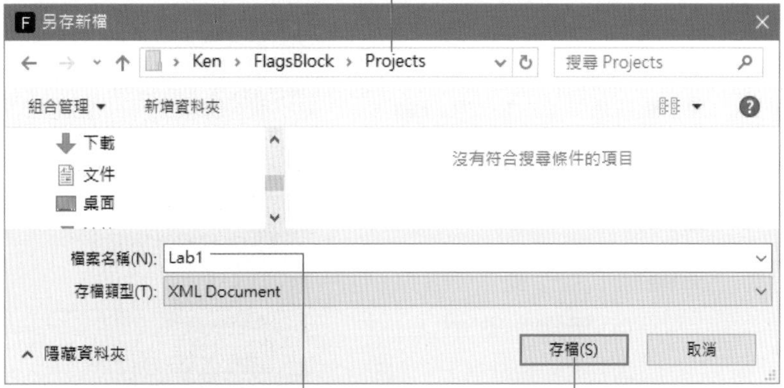

2 輸入專案名稱 (在儲存時會自動加上副檔名而成為 Lab1.xml)

3 按此鈕儲存

軟體補給站 開啟已儲存的專案或範例專案

日後若您想要重新開啟之前儲存的專案，請如下操作：

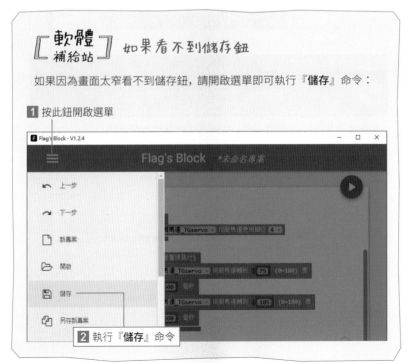

1 按**開啟**鈕

NEXT

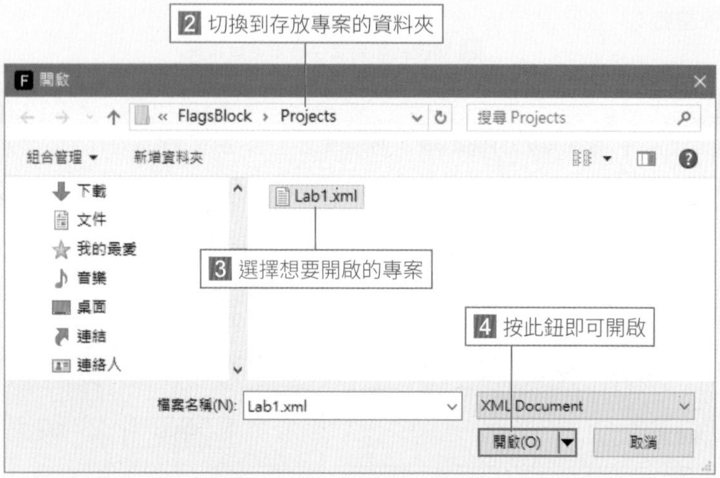

為了方便本書的讀者，Flag's Block 已經內建書中所有的範例專案，您可以直接開啟使用：

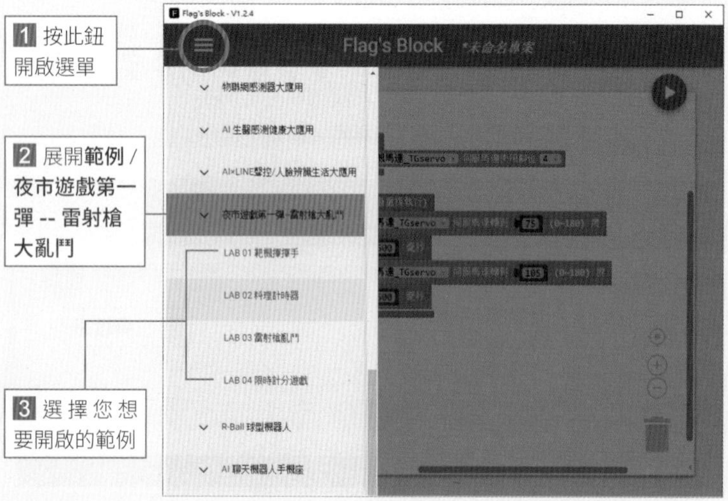

將程式上傳到控制板

為了將程式上傳到控制板執行，請先確認靶機已用 USB 線接至電腦，然後依照下面說明上傳程式：

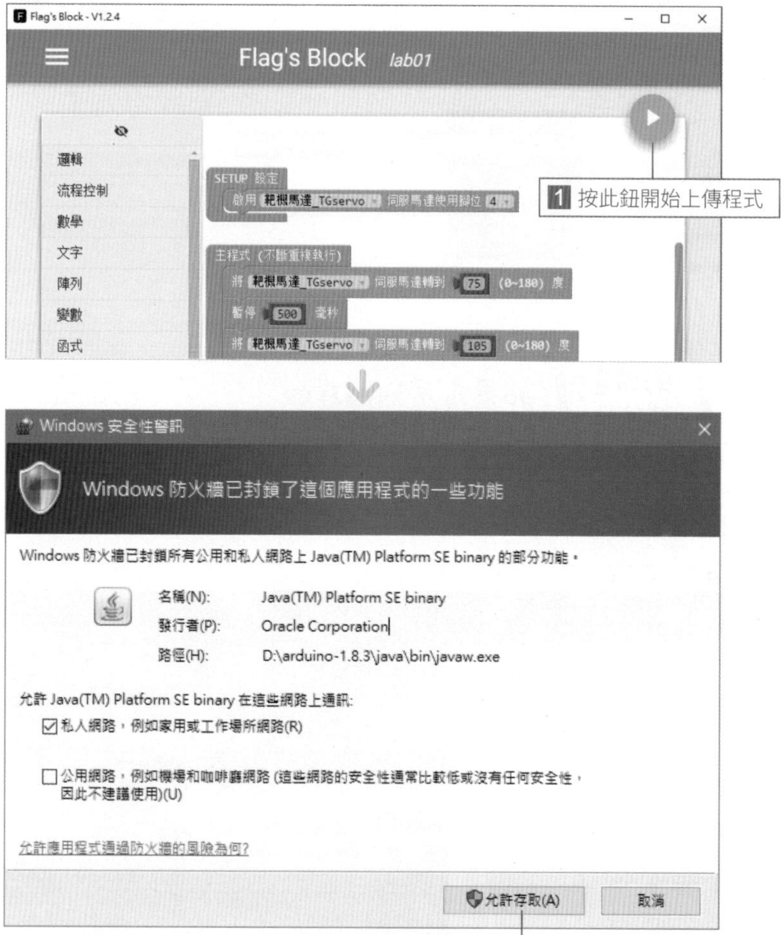

2 如果出現 **Windows 安全性警訊** (防火牆) 的詢問交談窗，請選取**允許存取**

Flag's Block - V1.1.0e
Flag's Block Lab01
腳位輸出
Arduino IDE 執行結果
正在等待 Arduino IDE 輸出的資訊...
由於燒錄過程需要花一點時間，請耐心等候
正在透過 Arduino 開發環境上傳程式

Arduino 開發環境 (IDE) 是 Arduino 控制板的官方程式開發環境，使用的是 C++ 語言，Flag's Block 就是將積木程式先轉換為 C++ 程式碼後，再上傳到控制上。

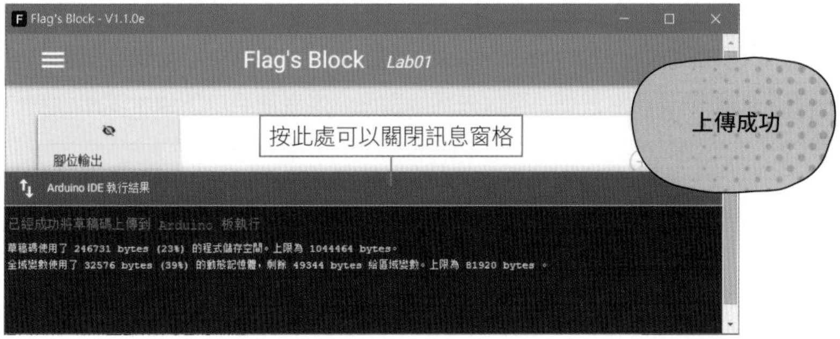
Flag's Block - V1.1.0e
Flag's Block Lab01
腳位輸出
按此處可以關閉訊息窗格
上傳成功
Arduino IDE 執行結果

上傳成功後，即可看到槍靶不斷地來回擺動。

若您看到紅色的錯誤訊息，請如下排除錯誤：

Arduino IDE 執行結果
序列通訊埠無法連線
無法透過序列埠連線 Arduino.
請檢查設定內的序列埠是否正確，或者檢查 Arduino 是否連接電腦的 USB.

此訊息表示電腦無法與控制板連線溝通，請將連接控制板的 USB 線拔除重插，或依照前面的說明重新設定序列埠

4-7 設計料理計時器

完成前一節的實驗後，就可以挑戰更複雜的程式了，在這一節中，我們要結合數位顯示模組及伺服馬達，設計一個會自動顯示倒數時間，並且會在倒數完畢時揮舞槍靶、閃爍數字提醒廚師的料理計時器。

數位顯示模組

本套件使用的數位顯示模組可以顯示 4 位數字，在程式中控制時要先使用 **TM1637 4 位數顯示器**分類下的**使用 CLK ... DIO ... 建立名稱為 ... 的 4 位數顯示器**積木設定：

使用 CLK 腳位 2 DIO 腳位 3 建立名稱為 變數 的 4 位數顯示器
接線時的針腳編號設定
自由命名的顯示器名稱

由於靶機在組裝時將 CLK 接到 D2、DIO 接到了 D3，所以可保留預設腳位。這個積木是控制顯示器前必要的準備工作，因此必須放在 **SETUP 設定**積木內，再加上其它積木調整顯示器：

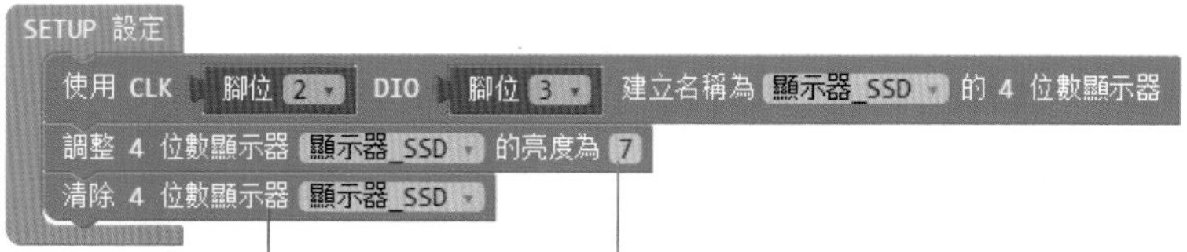
SETUP 設定
使用 CLK 腳位 2 DIO 腳位 3 建立名稱為 顯示器_SSD 的 4 位數顯示器
調整 4 位數顯示器 顯示器_SSD 的亮度為 7
清除 4 位數顯示器 顯示器_SSD
先清除畫面
亮度可設定為 0~7

接著，我們就可以使用 **TM1637 4 位數顯示器**分類下的**在 4 位數顯示器 ... 位置 0 以 4 位數顯示 0** 積木來顯示數字：

在 4 位數顯示器 變數 位置 0 以 4 位數顯示 0 補 0 冒號
選取顯示器的名稱
從 4 位數的哪一個位置當成顯示的開頭

個別位置對應的編號如下：

0
1
2
3

積木中的第 3 個欄位則是總共要使用幾個位置顯示，舉例來說，從不同位置以 2 位數顯示 32，結果如下：

顯示區域
從位置 1 開始
顯示區域
從位置 2 開始

這個積木還有**補 0** 及**冒號**選項，同樣以顯示 32 為例，若選擇從位置 1 開始以 3 位數顯示，沒有勾選與勾選**補 0** 的差異如下：

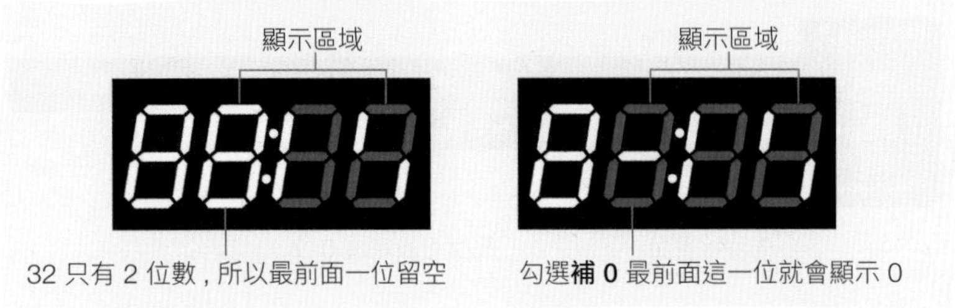
顯示區域
32 只有 2 位數，所以最前面一位留空
顯示區域
勾選補 0 最前面這一位就會顯示 0

若勾選了**冒號**選項，那麼當位置 1 包含在顯示區域內時就會顯示冒號。例如從位置 1 及位置 2 以 2 位數顯示 3，並勾選**冒號**選項時的差異如下：

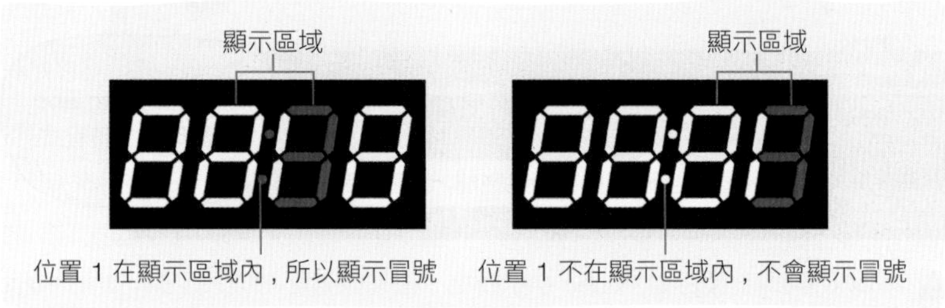
顯示區域
位置 1 在顯示區域內，所以顯示冒號
顯示區域
位置 1 不在顯示區域內，不會顯示冒號

要特別留意的是，不在顯示區域內的位置會保留原本的狀態。例如原來冒號有顯示，而您使用上述積木在位置 3 顯示 1 位數字 3，那麼冒號仍然會亮著。如果需要清除冒號，可以先清除畫面，或者使用以下積木清除個別位置：

清除 4 位數顯示器 變數 位置 0
要清除（熄滅燈光）的位置

計時的技巧

在上一節的實驗中，我們使用過**暫停 ... 毫秒**積木，倒數計時當然也可以暫停 1000 毫秒後更新顯示的秒數，一路倒數完畢。不過這樣做有個問題，就是**暫停 ... 毫秒**積木是讓程式暫停運作，但像是本套件的雷射槍遊戲，必須在雷射光打中靶心時即時計分、轉動槍靶，若因為計時而導致暫停期間無法感測雷射光，遊戲就玩不成了。

為了解決上述問題，我們會改用**時間**分類中的**開機到現在經過的時間（毫秒）**積木，它可以告訴你從控制板接上電源開始到現在經過的毫秒數，只要在程式中記錄不同的時間點，將兩個時間點相減，就可以判斷經過的時間，例如：

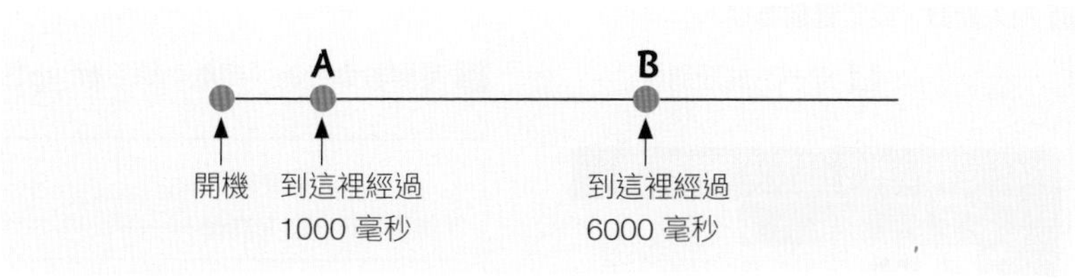
A
B
開機
到這裡經過
1000 毫秒
到這裡經過
6000 毫秒

兩個時間點 B - A = 5000 毫秒，所以可以知道 A 到 B 過了 5 秒。

變數

要能夠記錄時間點，我們會需要**變數**，所謂的變數可以想成是具有名字、可以存放資料的箱子，隨時可以打開箱子檢視資料或者置換箱子內的資料。要建立變數，可以使用**變數**分類下的**設定變數為**積木，再接上要記錄的資料，例如：

設定 上一秒時間_lastSec 為 開機到現在經過的時間（毫秒）
這裡命名為『上一秒時間 _lastSec』
要記錄到變數內的資料

就把當前的時間記錄在變數中，稍後若要檢視此變數的內容，可以直接用**變數**分類下的**變數**積木，只要再次利用**開機到現在經過的時間（毫秒）**積木與此變數相減，就能得到經過的時間了。

函式

如果一組積木具有特定的意義，我們可以用**函式**來替代，舉例來說，上一節的實驗中，來回揮舞靶機的 4 個積木就是一組具有意義的積木，如果使用**函式**，就可以將程式改寫如下：

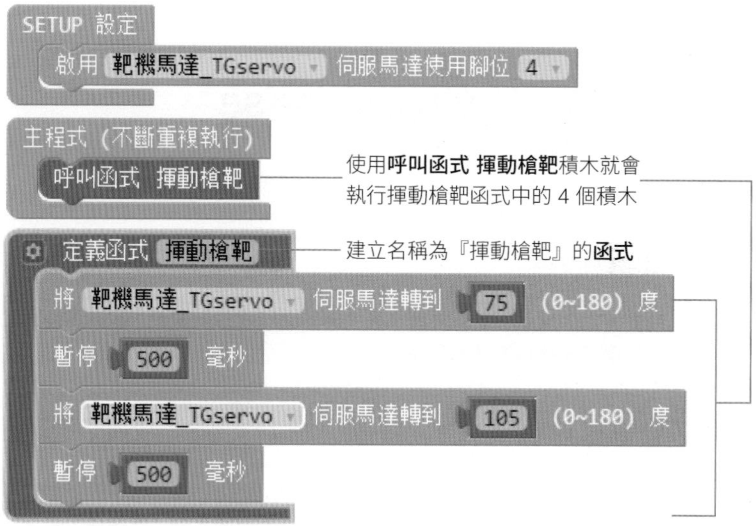
SETUP 設定
啟用 靶機馬達_TGservo 伺服馬達使用腳位 4
主程式（不斷重複執行）
呼叫函式 揮動槍靶
使用呼叫函式 揮動槍靶積木就會執行揮動槍靶函式中的 4 個積木
定義函式 揮動槍靶
建立名稱為『揮動槍靶』的函式
將 靶機馬達_TGservo 伺服馬達轉到 75 (0~180) 度
暫停 500 毫秒
將 靶機馬達_TGservo 伺服馬達轉到 105 (0~180) 度
暫停 500 毫秒

你可以看到當我們改用函式後，**主程式（不斷重複執行）**中就可以改成明確意義的**揮舞槍靶**，一看就懂，比原本直接放置的 4 個積木清楚明白。當我們撰寫的程式較複雜時，就可以善用函式來讓程式容易閱讀理解。

LAB 02

料理計時器

✔ 實驗目的

藉由較為複雜的實驗，學習變數、函式等基礎程式設計概念，同時體驗組合不同電子元件相互運作的技巧。

✔ 設計原理

本實驗會設計一個倒數計時器，並在數位顯示模組上顯示剩餘的倒數分、秒數，倒數完畢會讓槍靶快速揮動，同時閃爍顯示器，提醒使用者計時結束，接著會再重複相同的倒數工作。

設計程式

1 設計函式進行開始倒數計時前的準備工作：

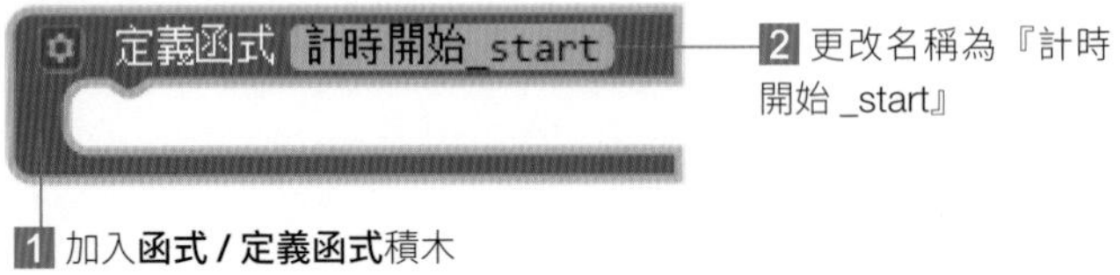

定義函式 計時開始_start
2 更改名稱為『計時開始 _start』
1 加入**函式 / 定義函式**積木

▲ 從本實驗開始，我們會以**分類名稱 / 積木名稱**的方式代表特定的積木，例如這裡的**函式 / 定義函式**積木，就是指**函式**分類下的**定義函式**積木。

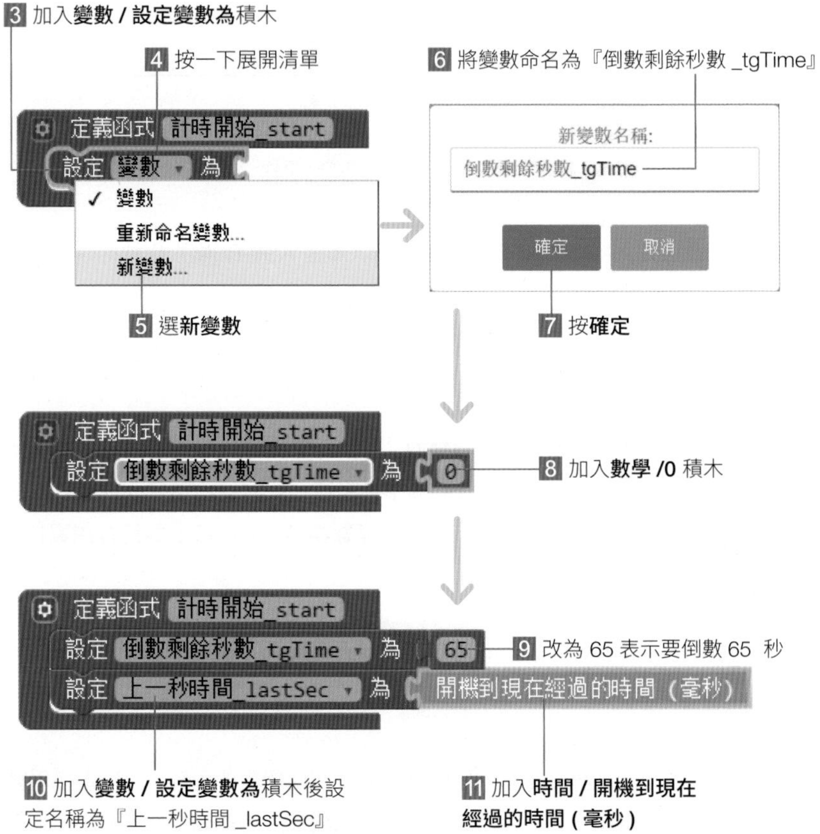

3 加入**變數 / 設定變數為**積木
4 按一下展開清單
6 將變數命名為『倒數剩餘秒數 _tgTime』
定義函式 計時開始_start
設定 變數 為
✓ 變數
重新命名變數...
新變數...
新變數名稱:
倒數剩餘秒數_tgTime
確定
取消
5 選**新變數**
7 按**確定**
定義函式 計時開始_start
設定 倒數剩餘秒數_tgTime 為 0
8 加入**數學 /0** 積木
定義函式 計時開始_start
設定 倒數剩餘秒數_tgTime 為 65
設定 上一秒時間_lastSec 為 開機到現在經過的時間（毫秒）
9 改為 65 表示要倒數 65 秒
10 加入**變數 / 設定變數為**積木後設定名稱為『上一秒時間 _lastSec』
11 加入**時間 / 開機到現在經過的時間 (毫秒)**

每次倒數完畢要重新倒數前，就會執行此函式設定倒數剩餘秒數並記錄開始倒數的時間。

2 加入主程式執行前的準備工作：

1 加入**流程控制 / SETUP 設定**積木

2 加入 **1637 4 位數顯示器 / 使用 CLK ... DIO ... 建立名稱為 ... 的 4 位數顯示器**並更改名稱為『顯示器 _SSD』

3 加入 **1637 4 位數顯示器 / 調整 4 位數顯示器的亮度為**積木並選取剛剛命名的『顯示器 _SSD』

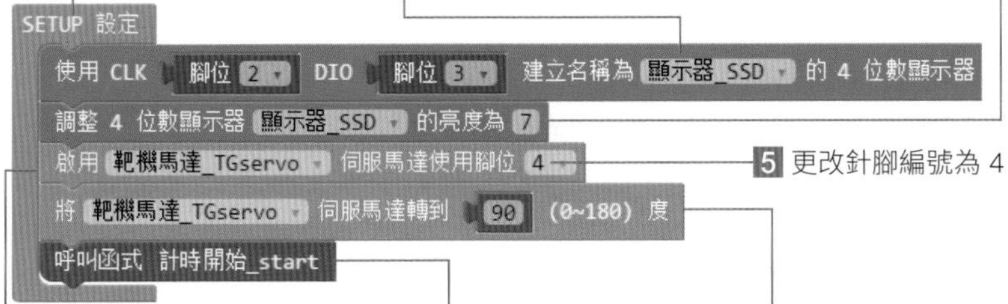
SETUP 設定
使用 CLK 腳位 2 DIO 腳位 3 建立名稱為 顯示器_SSD 的 4 位數顯示器
調整 4 位數顯示器 顯示器_SSD 的亮度為 7
啟用 靶機馬達_TGservo 伺服馬達使用腳位 4
將 靶機馬達_TGservo 伺服馬達轉到 90 (0~180) 度
呼叫函式 計時開始_start

5 更改針腳編號為 4

6 加入**馬達 / 將 ... 伺服馬達轉到 90 度**積木並選取剛剛命名的『靶機馬達 _TGservo』升起槍靶

4 加入**馬達 / 啟用 ... 伺服馬達使用腳位 ...** 積木並命名為『靶機馬達 _TGservo』

7 加入**函式 / 呼叫 計時開始 _start** 積木

3 設計計時完成時提醒使用者的函式：

1 加入**函式 / 建立函式**積木並命名為『時間到提醒 _alarm』

4 依圖將角度個別改為 75、105

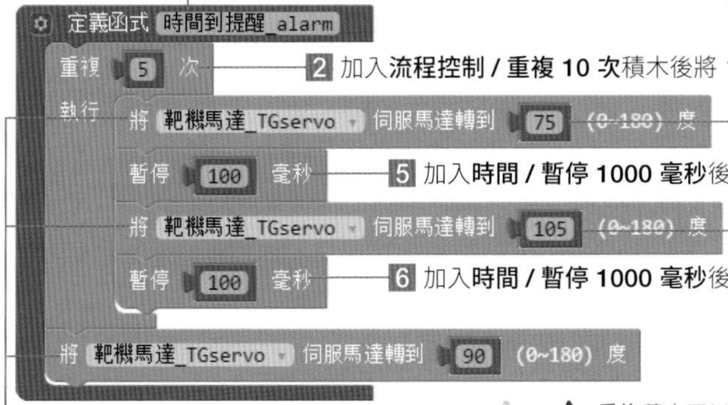
定義函式 時間到提醒_alarm
重複 5 次
執行
將 靶機馬達_TGservo 伺服馬達轉到 75 (0~180) 度
暫停 100 毫秒
將 靶機馬達_TGservo 伺服馬達轉到 105 (0~180) 度
暫停 100 毫秒
將 靶機馬達_TGservo 伺服馬達轉到 90 (0~180) 度

2 加入**流程控制 / 重複 10 次**積木後將 10 改為 5

5 加入**時間 / 暫停 1000 毫秒**後改為 100

6 加入**時間 / 暫停 1000 毫秒**後改為 100

3 加入 3 個**馬達 / 將 ... 伺服馬達轉到 90 度**積木後選用『靶機馬達 _TGserver』

⚠ **重複**積木可以將內含的積木重複執行指定的次數，本例就是要在倒數結束時揮舞槍靶 5 次。

7 加入 **1637 4 位數顯示器 / 清除 4 位數顯示器**造成閃爍畫面的效果

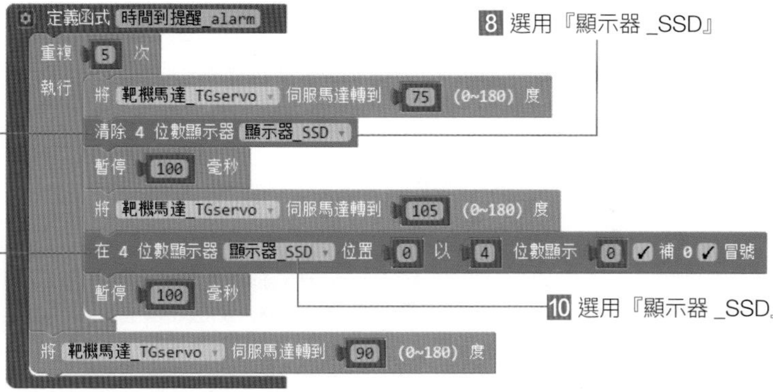
定義函式 時間到提醒_alarm
重複 5 次
執行
將 靶機馬達_TGservo 伺服馬達轉到 75 (0~180) 度
清除 4 位數顯示器 顯示器_SSD
暫停 100 毫秒
將 靶機馬達_TGservo 伺服馬達轉到 105 (0~180) 度
在 4 位數顯示器 顯示器_SSD 位置 0 以 4 位數顯示 0 補 0 冒號
暫停 100 毫秒
將 靶機馬達_TGservo 伺服馬達轉到 90 (0~180) 度

8 選用『顯示器 _SSD』

10 選用『顯示器 _SSD』

9 加入 **1637 4 位數顯示器 / 在 4 位數顯示器 ... 位置 0 以 4 位數顯示 0** 積木顯示倒數完畢的 0

[軟體補給站] 調整積木的顯示方式

如果積木太長不容易檢視，可以更改積木的顯示方式：

1 在積木上按滑鼠右鈕

複製
複製並覆蓋暫存區
附加至暫存區
清空暫存區
多行輸入
收合積木
停用積木
刪除 4 塊積木

2 選取**多行輸入**

3 積木分段折行顯示，寬度減少

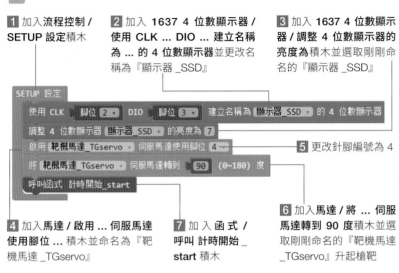

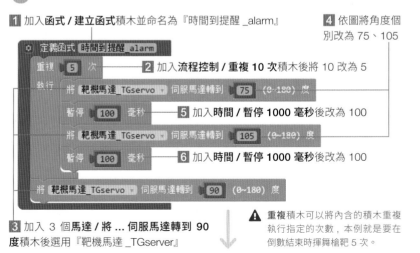

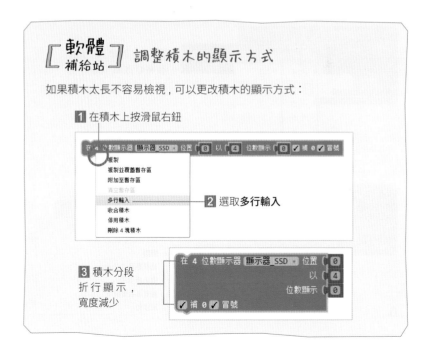

在 4 位數顯示器 顯示器_SSD 位置 0
以 4
位數顯示 0
補 0 冒號

4 設計檢查時間以及更新顯示分秒數的函式：

1 加入**函式 / 定義函式**積木並取名為『更新顯示資訊 _SSD』

3 加入**邏輯 /=** 積木

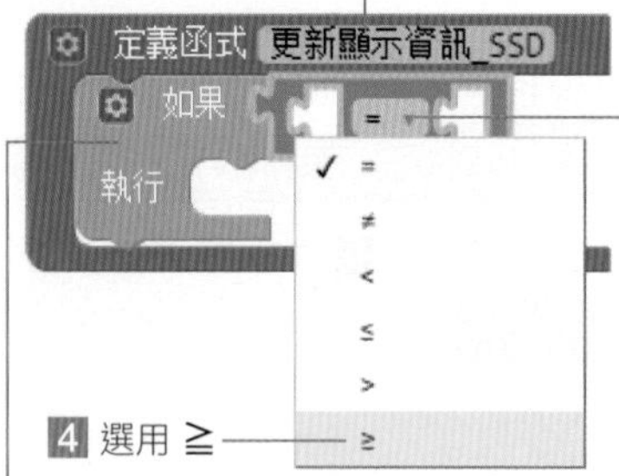

定義函式 更新顯示資訊_SSD
如果
執行
=
≠
<
≤
>
≥

4 選用 ≧

2 加入**流程控制 / 如果**積木

▲ **如果**積木可以根據接續的積木所指定的條件，決定是否要執行內含的積木。而**邏輯**中的積木就可以用來指定判斷條件，本例中的≧積木會判斷左邊是否大於等於右邊？稍後我們會利用這個積木判斷上次記錄的時間點到現在是否已經至少 1000 毫秒，以便扣減倒數秒數。

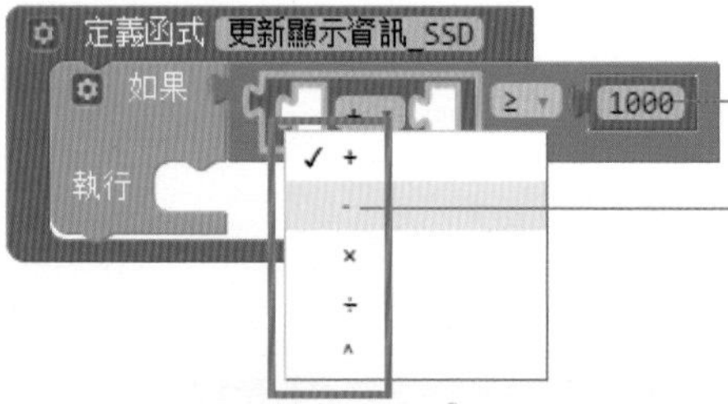

定義函式 更新顯示資訊_SSD
如果
執行
≥
1000
+
-
×
÷
^

6 加入**數學 /0** 積木後將 0 改為 1000

5 加入**數學 / +**積木後選用 -

8 加入**變數 / 變數**積木後選取『上一秒時間 _lastSec』

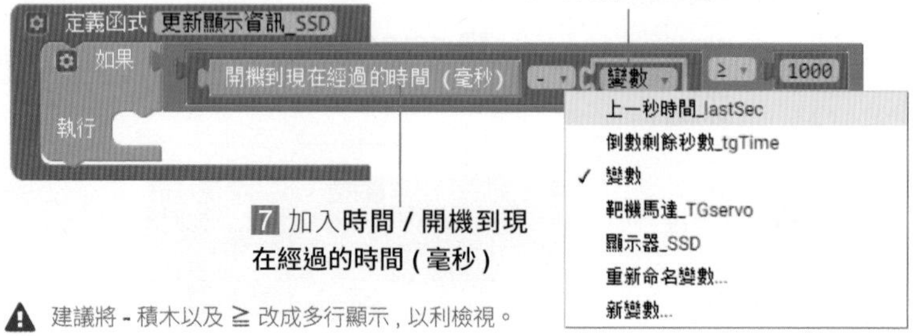

定義函式 更新顯示資訊_SSD
如果
執行
開機到現在經過的時間（毫秒）
-
變數
≥
1000
上一秒時間_lastSec
倒數剩餘秒數_tgTime
✓ 變數
靶機馬達_TGservo
顯示器_SSD
重新命名變數...
新變數...

7 加入**時間 / 開機到現在經過的時間 (毫秒)**

▲ 建議將 - 積木以及 ≧ 改成多行顯示，以利檢視。

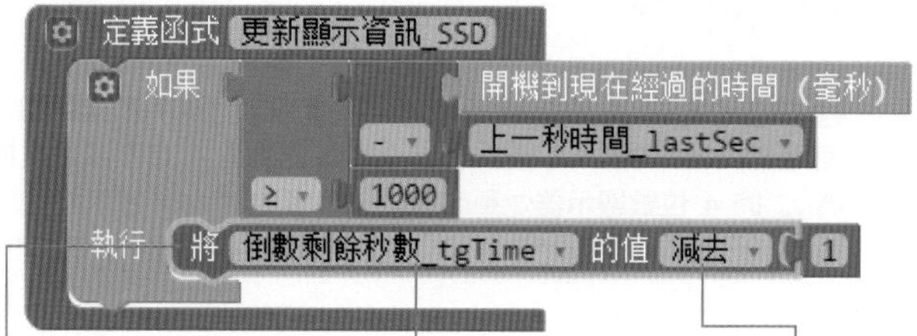

定義函式 更新顯示資訊_SSD
如果
開機到現在經過的時間（毫秒）
-
上一秒時間_lastSec
≥
1000
執行
將 倒數剩餘秒數_tgTime 的值 減去 1

9 加入**數學 / 將變數的值加上 1**

10 選用『倒數剩餘秒數 _tgTime』變數

11 選用**減去**扣 1 秒

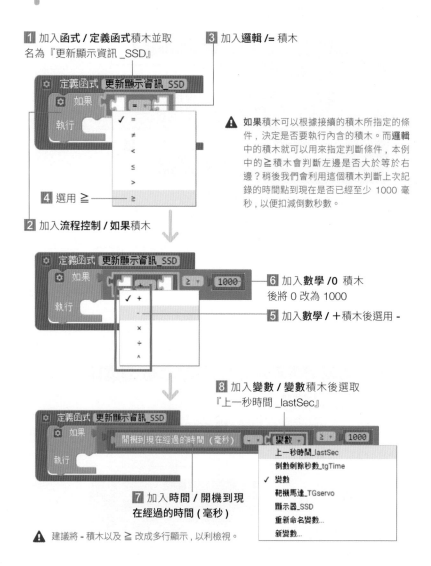

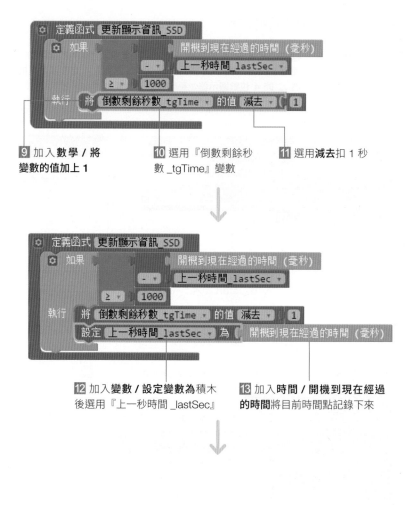

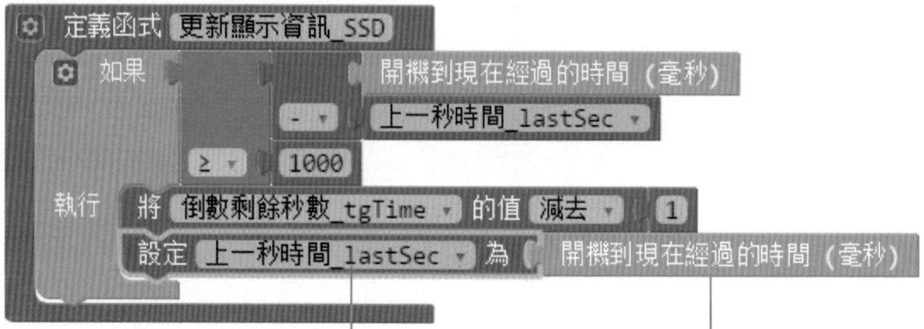

定義函式 更新顯示資訊_SSD
如果
開機到現在經過的時間（毫秒）
-
上一秒時間_lastSec
≥
1000
執行
將 倒數剩餘秒數_tgTime 的值 減去 1
設定 上一秒時間_lastSec 為 開機到現在經過的時間（毫秒）

12 加入**變數 / 設定變數為**積木後選用『上一秒時間 _lastSec』

13 加入**時間 / 開機到現在經過的時間**將目前時間點記錄下來

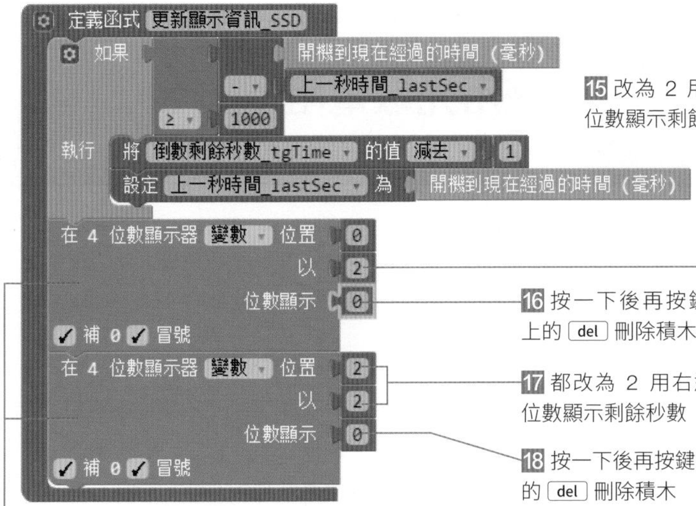
定義函式 更新顯示資訊_SSD
如果
開機到現在經過的時間（毫秒）
上一秒時間_lastSec
1000
執行
將 倒數剩餘秒數_tgTime 的值 減去 1
設定 上一秒時間_lastSec 為 開機到現在經過的時間（毫秒）
在 4 位數顯示器 變數 位置 0
以 2
位數顯示 0
補 0 冒號
在 4 位數顯示器 變數 位置 2
以 2
位數顯示 0
補 0 冒號

15 改為 2 用左邊兩位數顯示剩餘分鐘數

16 按一下後再按鍵盤上的 del 刪除積木

17 都改為 2 用右邊兩位數顯示剩餘秒數

18 按一下後再按鍵盤上的 del 刪除積木

14 加入 2 個 **1637 4 位數顯示器 / 在 4 位數顯示器 ... 位置 0 以 4 位數顯示 0** 積木並選用『顯示器 _SSD』

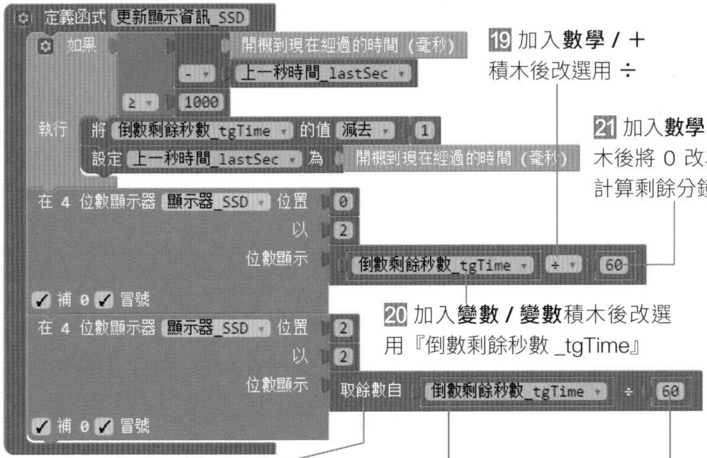
定義函式 更新顯示資訊_SSD
如果
開機到現在經過的時間（毫秒）
上一秒時間_lastSec
1000
執行
將 倒數剩餘秒數_tgTime 的值 減去 1
設定 上一秒時間_lastSec 為 開機到現在經過的時間（毫秒）
在 4 位數顯示器 顯示器_SSD 位置 0
以 2
位數顯示 倒數剩餘秒數_tgTime ÷ 60
補 0 冒號
在 4 位數顯示器 顯示器_SSD 位置 2
以 2
位數顯示 取餘數自 倒數剩餘秒數_tgTime ÷ 60
補 0 冒號

19 加入**數學 / +** 積木後改選用 ÷

21 加入**數學 /0** 積木後將 0 改為 60 計算剩餘分鐘數

20 加入**變數 / 變數**積木後改選用『倒數剩餘秒數 _tgTime』

22 加入**數學 / 取餘數自**積木

23 加入**變數 / 變數**積木後改選用『倒數剩餘秒數 _tgTime』

24 加入**數學 /0** 積木後將 0 改為 60 計算剩餘秒數

⚠ ÷ 積木會取商數，所以若是 65 ÷ 60 就會是 1，也就是分鐘數。

⚠ **取餘數自**積木會取除法餘數，所以若是**取餘數自 65 ÷ 60** 就會是 5，也就是秒數。

5 完成這些函式後，就可以用主程式倒數計時了：

1 加入**函式 / 呼叫函式 更新顯示資訊 _SSD** 先顯示目前倒數分秒數

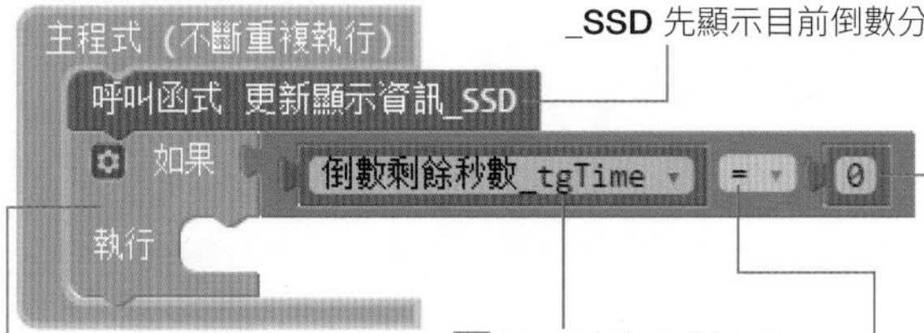
主程式（不斷重複執行）
呼叫函式 更新顯示資訊_SSD
如果
倒數剩餘秒數_tgTime
=
0
執行

5 加入**數學 /0** 積木

2 加入**流程控制 / 如果**判斷是否已經倒數完畢

4 加入**變數 / 變數**積木後改選用『倒數剩餘秒數 _tgTime』

3 加入**邏輯 / =** 積木判斷倒數剩餘秒數是否等於 0？

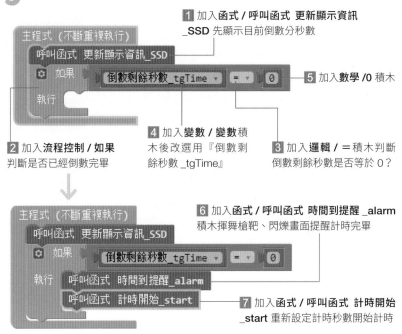

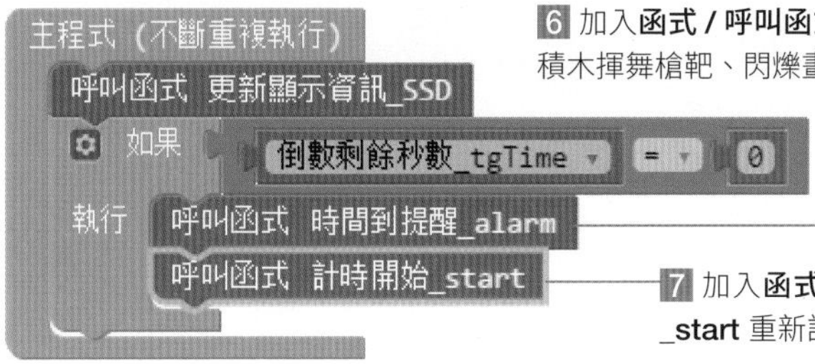
主程式（不斷重複執行）
呼叫函式 更新顯示資訊_SSD
如果
倒數剩餘秒數_tgTime
=
0
執行
呼叫函式 時間到提醒_alarm
呼叫函式 計時開始_start

6 加入**函式 / 呼叫函式 時間到提醒 _alarm** 積木揮舞槍靶、閃爍畫面提醒計時完畢

7 加入**函式 / 呼叫函式 計時開始 _start** 重新設定計時秒數開始計時

將程式上傳到控制板

按一下 ▶ 後將程式上傳到控制板執行，就會看到計分板會顯示 1:05，表示 1 分 5 秒，接著一秒一秒倒數，等到倒數完畢，就會看到槍靶快速揮動，同時數位顯示器畫面閃爍，接著再重新倒數了。

BANG
BANG
BANG

CHAPTER 05

雷射槍遊戲

上一章我們已經學會控制伺服馬達旋轉槍靶，也瞭解計算時間長度的技巧，這一章就要結合雷射光感應，製作雷射槍遊戲了。

5-1 使用光敏電阻

本套件的雷射槍原理和常見的簡報筆相似，會射出一道雷射光線，由於雷射光的亮度極高，因此可以用靶心位置亮度的變化來判斷是否打中靶心。

靶機上的光敏電阻模組可以感測明暗變化，它會透過模組上的 DO 針腳輸出訊號，當亮度沒有超過模組上設定好的閾值 (臨界值)，會輸出**高電位**，否則輸出**低電位**。所謂的『高 / 低電位』可以當成是 1 和 0 這樣的數值。在程式中可以透過**數位輸入 / 讀取腳位 0 的電位高低**積木，從控制板上與 DO 相連接的針腳讀取光敏電阻模組送出的訊號，判斷雷射槍是否有打中靶心：

如果
讀取
腳位 5
的電位高低
=
低電位 (LOW)
執行

組裝時 DO 連接到控制板上的 D5

加入**數位輸入 / 高電位**積木後改選為**低電位**

以上的**如果**判斷成立時，表示光敏電阻模組偵測到強光，也就是雷射槍擊中靶心，就可以據此轉動槍靶、遞增得分了。

硬體補給站 光敏電阻模組的閾值

光敏電阻模組上有一個藍色的旋鈕，可以用來改變閾值，在組裝時都有調校過，可以正確感測到雷射光，但會受到不同環境光源影響。如果你遇到在不同環境下無法感測到，可以再依第 3 章說明調整看看。

LAB 03 雷射槍亂鬥 — 光敏電阻

✔ 實驗目的

利用簡單的程式，瞭解光敏電阻模組的使用方式。

✔ 設計原理

本實驗會利用前一章倒數計時的技巧，在雷射槍擊中槍靶後將槍靶轉平，並在 1 秒後再將槍靶升起。

設計程式

1 開啟 Flag's Block 建立新專案，加入以下準備工作的積木：

1 加入**流程控制 / SETUP 設定**積木

2 加入**馬達 / 啟用 ... 伺服馬達使用腳位 0** 積木後更改名稱為『靶機伺服馬達 _TGservo』、腳位為 4

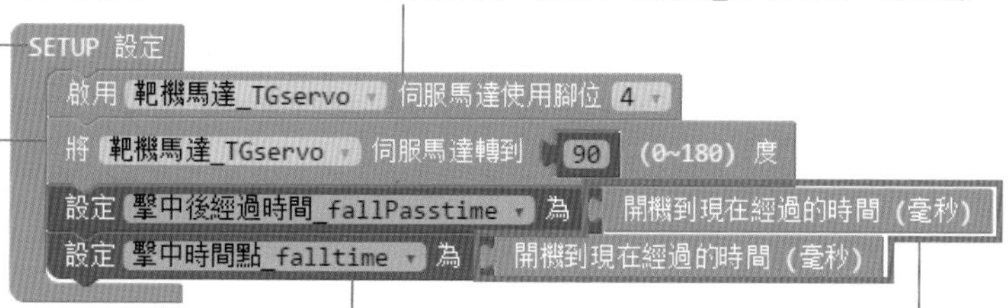
SETUP 設定
啟用 靶機馬達_TGservo 伺服馬達使用腳位 4
將 靶機馬達_TGservo 伺服馬達轉到 90 (0~180) 度
設定 擊中後經過時間_fallPasstime 為 開機到現在經過的時間 (毫秒)
設定 擊中時間點_falltime 為 開機到現在經過的時間 (毫秒)

3 加入**馬達 / 將 ... 伺服馬達轉到 90 度**積木後選用『靶機伺服馬達 _TGservo』將槍靶升起

4 加入 2 個**變數 / 設定變數為**積木，分別命名為『擊中後經過時間 _fallPasstime』及『擊中時間點 _falltime』

5 加入 2 個**時間 / 開機到現在經過的時間 (毫秒)** 積木

這兩個變數分別代表從雷射槍擊中靶心到現在經過的時間，以及擊中靶心時的時間點，以便判斷是否要將槍靶再次升起。

2 計算從雷射槍擊中靶心到現在經過的時間：

1 加入**變數 / 變數**積木並選用『擊中後經過時間 _fallPasstime』變數

2 加入**數學 /+** 積木並選用 **-**

3 加入**時間 / 開機到現在經過的時間 (毫秒)** 積木

主程式 (不斷重複執行)
設定 擊中後經過時間_fallPasstime 為 開機到現在經過的時間 (毫秒)
- 擊中時間點_falltime

4 加入**變數 / 變數**積木並選用『擊中時間點 _falltime』變數

⚠ 大多數的圖中比較長的積木都以多行顯示，以便符合書本紙張的寬度，您可自行決定是否比照處理，或是保留單行顯示。

3 判斷擊中靶心後是否已經 1 秒？並將槍靶升起：

2 加入**邏輯 / =**積木後改選用≧

4 加入**數學 /0** 積木並將 0 改為 1000

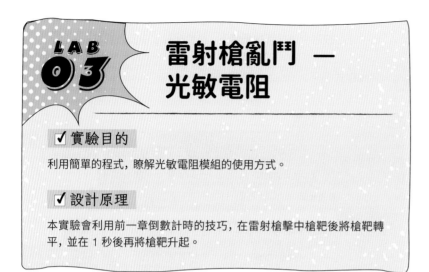

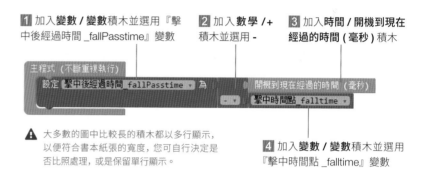

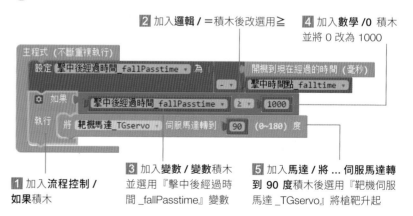

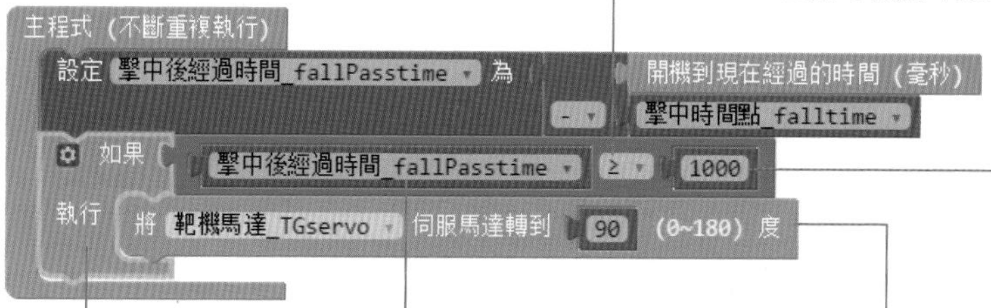
主程式 (不斷重複執行)
設定 擊中後經過時間_fallPasstime 為 開機到現在經過的時間 (毫秒)
- 擊中時間點_falltime
如果 擊中後經過時間_fallPasstime ≥ 1000
執行 將 靶機馬達_TGservo 伺服馬達轉到 90 (0~180) 度

1 加入**流程控制 / 如果**積木

3 加入**變數 / 變數**積木並選用『擊中後經過時間 _fallPasstime』變數

5 加入**馬達 / 將 ... 伺服馬達轉到 90 度**積木後選用『靶機伺服馬達 _TGservo』將槍靶升起

4 判斷是否擊中靶心：

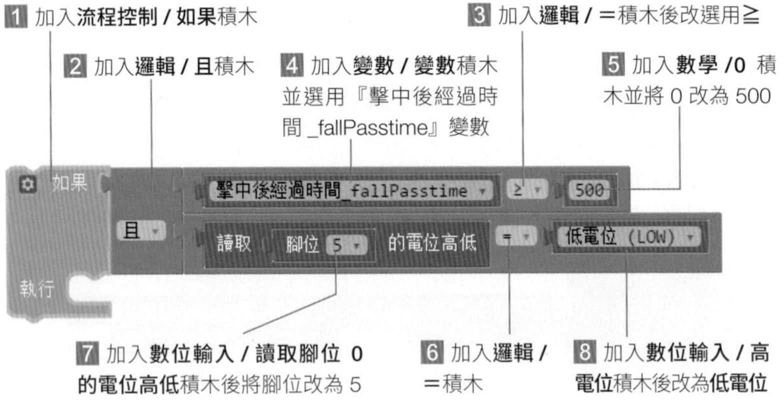

1 加入**流程控制 / 如果**積木
2 加入**邏輯 / 且**積木
3 加入**邏輯 / =**積木後改選用≧
4 加入**變數 / 變數**積木並選用『擊中後經過時間 _fallPasstime』變數
5 加入**數學 /0** 積木並將 0 改為 500
如果
且
擊中後經過時間_fallPasstime
≥
500
讀取 腳位 5 的電位高低
=
低電位（LOW）
執行
7 加入**數位輸入 / 讀取腳位 0 的電位高低**積木後將腳位改為 5
6 加入**邏輯 / =**積木
8 加入**數位輸入 / 高電位**積木後改為**低電位**

邏輯 / 且積木可以幫助我們判斷前後兩個條件是否都成立，這裡的第 1 個條件是為了確保擊中靶心後必須等槍靶轉下，所以額外加上 500 秒的時間限制；第 2 個條件則是判斷光敏電阻模組是否有感測到強光？也就是雷射光是否有打中靶心？

5 擊中靶心後轉下槍靶及記錄擊中時間點：

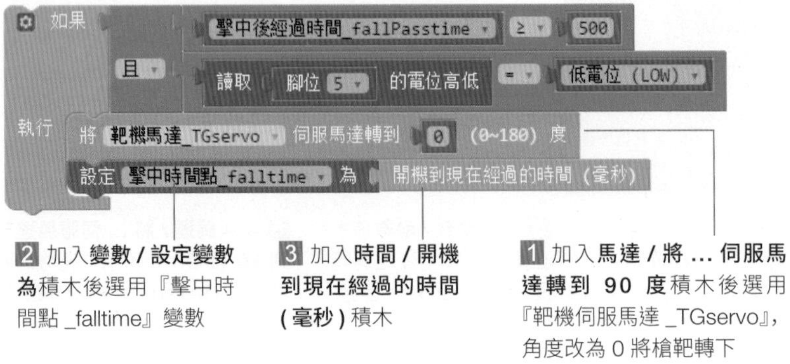

如果
且
擊中後經過時間_fallPasstime
≥
500
讀取 腳位 5 的電位高低
=
低電位（LOW）
執行
將 靶機馬達_TGservo 伺服馬達轉到 0 (0~180) 度
設定 擊中時間點_falltime 為 開機到現在經過的時間（毫秒）
2 加入**變數 / 設定變數為**積木後選用『擊中時間點 _falltime』變數
3 加入**時間 / 開機到現在經過的時間 (毫秒)** 積木
1 加入**馬達 / 將 ... 伺服馬達轉到 90 度**積木後選用『靶機伺服馬達 _TGservo』，角度改為 0 將槍靶轉下

每次靶心被射中後就將槍靶轉下，然後記錄擊中的時間點。

6 完成程式：

主程式（不斷重複執行）
設定 擊中後經過時間_fallPasstime 為 開機到現在經過的時間（毫秒） - 擊中時間點_falltime
如果 擊中後經過時間_fallPasstime ≥ 1000
執行 將 靶機馬達_TGservo 伺服馬達轉到 90 (0~180) 度
如果
且
擊中後經過時間_fallPasstime ≥ 500
讀取 腳位 5 的電位高低 = 低電位（LOW）
執行 將 靶機馬達_TGservo 伺服馬達轉到 0 (0~180) 度
設定 擊中時間點_falltime 為 開機到現在經過的時間（毫秒）
將剛剛組好的積木加入主程式

上傳程式

上傳程式後就可以測試看看用雷射槍射擊靶心，射中後槍靶會轉下，1 秒後才會升起。這個程式永遠不會終止，也沒有時間限制，所以可以盡情射擊。

LAB 04 限時計分遊戲

✔ 實驗目的

整合前面各實驗技巧，學習設計完整的遊戲程式。

✔ 設計原理

本實驗整合 **Lab 02 料理計時器**與 **Lab 03 雷射槍亂鬥**，變成一個每次計時 30 秒的限時射擊遊戲，並會計分顯示，增添趣味。

設計程式

1 請開啟 Flag's Block 建立新專案，加入以下準備工作：

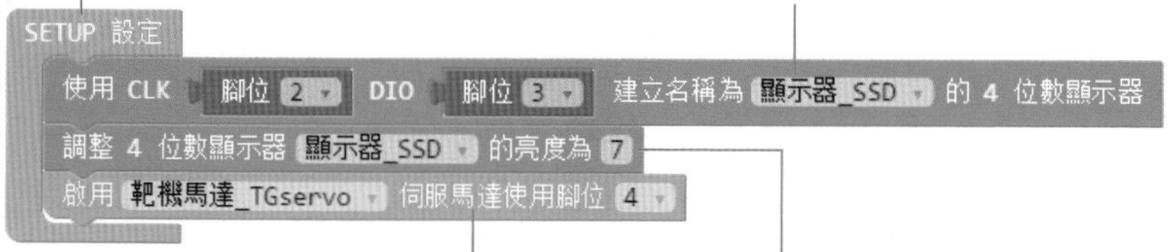
SETUP 設定
使用 CLK 腳位 2 DIO 腳位 3 建立名稱為 顯示器_SSD 的 4 位數顯示器
調整 4 位數顯示器 顯示器_SSD 的亮度為 7
啟用 靶機馬達_TGservo 伺服馬達使用腳位 4

1 加入**流程控制 /SETUP 設定**積木

2 加入 **1637 4 位數顯示器 / 使用 CLK ... DIO ... 建立名稱為 ... 的 4 位數顯示器**積木並更改名稱為『顯示器 _SSD』

3 加入 **1637 4 位數顯示器 / 調整 4 位數顯示器的亮度為**積木並選用『顯示器 _SSD』

4 加入**馬達 / 啟用 ... 伺服馬達使用腳位 ...** 積木更改名稱為『靶機馬達 _TGservo』、針腳編號為 4

2 定義函式負責每一輪遊戲前閃爍畫面提醒玩家、讓槍靶就位、以及分數歸零的工作：

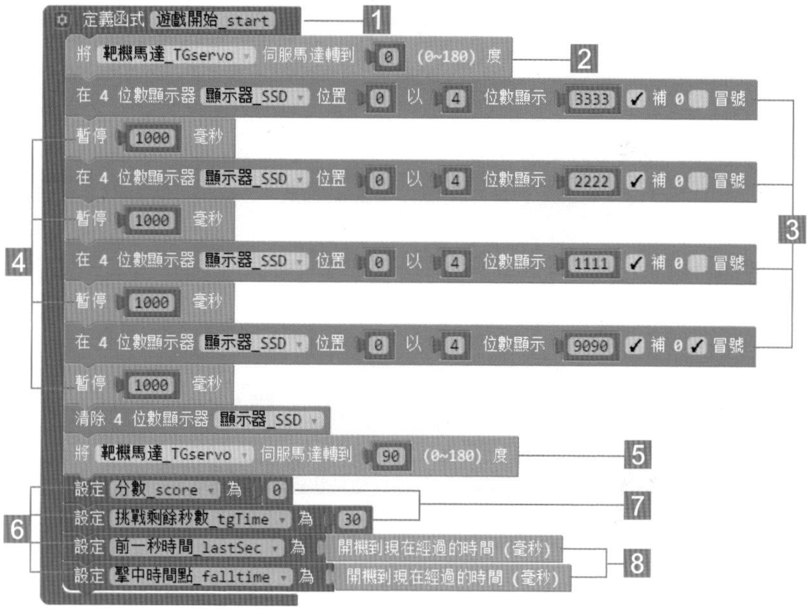
定義函式 遊戲開始_start
將 靶機馬達_TGservo 伺服馬達轉到 0 (0~180) 度
在 4 位數顯示器 顯示器_SSD 位置 0 以 4 位數顯示 3333 補 0 冒號
暫停 1000 毫秒
在 4 位數顯示器 顯示器_SSD 位置 0 以 4 位數顯示 2222 補 0 冒號
暫停 1000 毫秒
在 4 位數顯示器 顯示器_SSD 位置 0 以 4 位數顯示 1111 補 0 冒號
暫停 1000 毫秒
在 4 位數顯示器 顯示器_SSD 位置 0 以 4 位數顯示 9090 補 0 冒號
暫停 1000 毫秒
清除 4 位數顯示器 顯示器_SSD
將 靶機馬達_TGservo 伺服馬達轉到 90 (0~180) 度
設定 分數_score 為 0
設定 挑戰剩餘秒數_tgTime 為 30
設定 前一秒時間_lastSec 為 開機到現在經過的時間 (毫秒)
設定 擊中時間點_falltime 為 開機到現在經過的時間 (毫秒)
1
2
3
4
5
6
7
8

1 加入**函式 / 定義函式**積木後命名為『遊戲開始 _start』

2 加入**馬達 / 將 ... 伺服馬達轉到 90 度**積木後選用『靶機伺服馬達 _TGservo』、角度改為 0 將槍靶轉下

3 加入 4 個 **1637 4 位數顯示器 / 在 4 位數顯示器 ... 位置 0 以 4 位數顯示 0** 積木都選用『顯示器 _SSD』後依序將顯示欄位改為 3333、2222、1111、9090，前 3 個都取消勾選**冒號**

4 加入 4 個**時間 / 暫停 1000 毫秒**積木讓顯示器呈現提醒玩家遊戲即將開始的閃爍效果

5 加入**馬達 / 將 ... 伺服馬達轉到 90 度**積木後選用『靶機伺服馬達 _TGservo』升起槍靶

6 加入 4 個**變數 / 變數**積木後分別取名為『分數 _score』、『挑戰剩餘秒數 _tgTime』、『前一秒時間 _lastSec』、『擊中時間點 _falltime』

7 加入 2 個**數學 /0** 積木後分別設定為代表初始得分的 0 分以及單輪遊戲限時的 30 秒

8 加入 2 個**時間 / 開機到現在經過的時間 (毫秒)** 記錄目前時間點

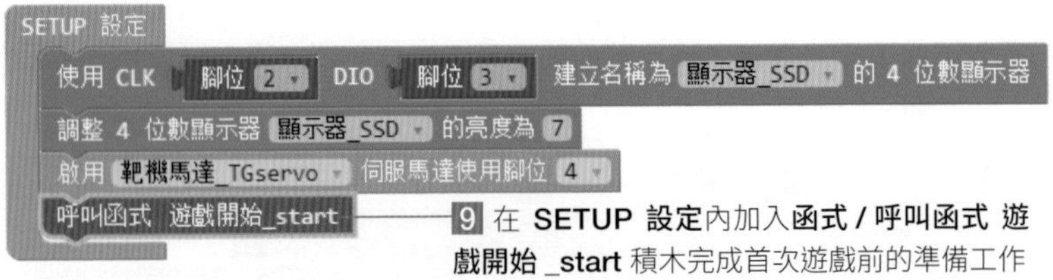
SETUP 設定
使用 CLK 腳位 2 DIO 腳位 3 建立名稱為 顯示器_SSD 的 4 位數顯示器
調整 4 位數顯示器 顯示器_SSD 的亮度為 7
啟用 靶機馬達_TGservo 伺服馬達使用腳位 4
呼叫函式 遊戲開始_start

9 在 **SETUP 設定**內加入**函式 / 呼叫函式 遊戲開始 _start** 積木完成首次遊戲前的準備工作

3 定義負責倒數計時與顯示時間、分數的函式：

1 加入**函式 / 定義函式**積木並命名為『更新顯示資訊 _refreshSSD』

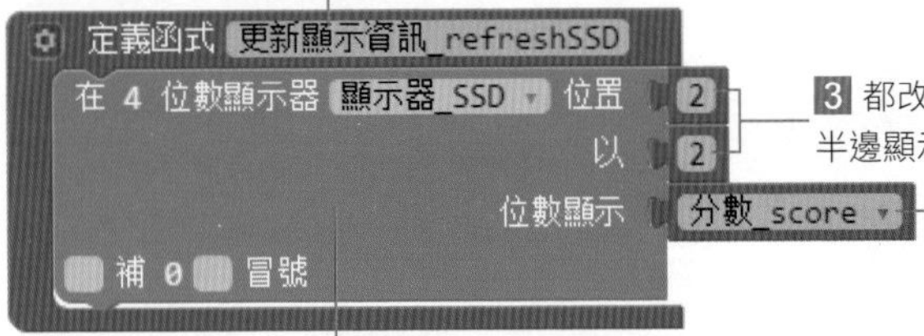
定義函式 更新顯示資訊_refreshSSD
在 4 位數顯示器 顯示器_SSD 位置 2
以 2
位數顯示 分數_score
補 0 冒號

2 加入 **1637 4 位數顯示器 / 在 4 位數顯示器 ... 位置 0 以 4 位數顯示 0** 積木後選用『顯示器 _SSD』，取消勾選**冒號**、**補 0**

3 都改成 2 在顯示器右半邊顯示 2 位數的得分

4 刪除原來的 **0** 積木後加入**變數 / 變數**積木選用『分數 _score』

5 加入**流程控制 / 如果**積木

6 加入**邏輯 / =**積木後改選用≧

7 加入**數學 /+** 積木並選用 **-**

8 加入**時間 / 開機到現在經過的時間 (毫秒)** 積木

如果
開機到現在經過的時間（毫秒）
≥
1000
-
前一秒時間_lastSec
執行

9 加入**變數 / 變數**積木並選用『前一秒時間 _lastSec』變數

10 加入**數學 /0** 積木並將 0 改為 1000

11 加入**數學 / 將變數的值加上 1** 積木後選用『挑戰剩餘秒數 _tgTime』變數、改成**減去**倒數 1 秒

如果
開機到現在經過的時間（毫秒）
≥
1000
-
前一秒時間_lastSec
執行
將 挑戰剩餘秒數_tgTime 的值 減去 1
設定 前一秒時間_lastSec 為 開機到現在經過的時間（毫秒）

12 加入**變數 / 變數**積木後選用『前一秒時間 _lastSec』記錄現在時間

13 加入**時間 / 開機到現在經過的時間 (毫秒)** 積木

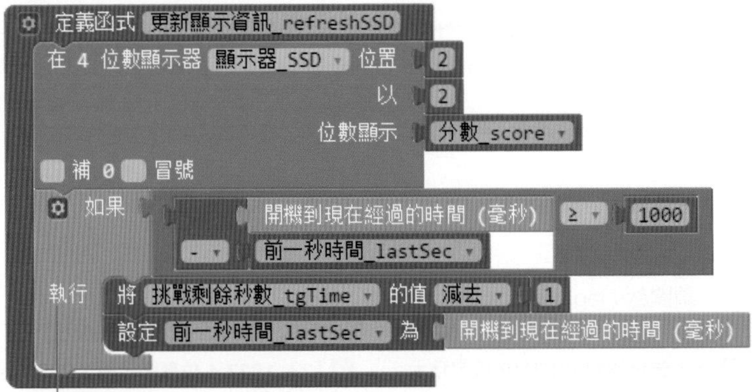
定義函式 更新顯示資訊_refreshSSD
在 4 位數顯示器 顯示器_SSD 位置 2
以 2
位數顯示 分數_score
補 0 冒號
如果
開機到現在經過的時間（毫秒）
≥
1000
-
前一秒時間_lastSec
執行
將 挑戰剩餘秒數_tgTime 的值 減去 1
設定 前一秒時間_lastSec 為 開機到現在經過的時間（毫秒）

14 將剛剛組合好的積木加入函式中

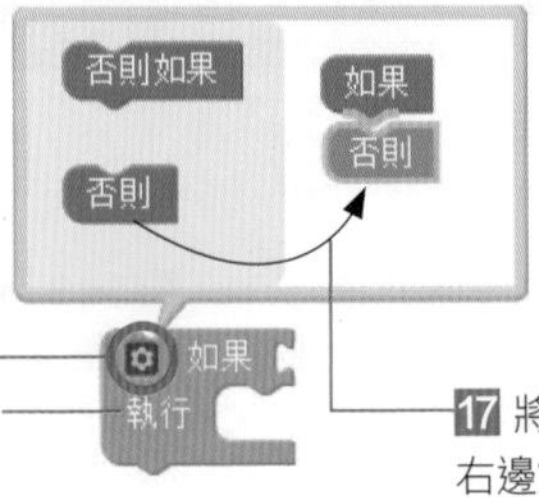
否則如果
否則
如果
否則
如果
執行

15 加入**流程控制 / 如果**積木

16 按一下齒輪狀按鈕

17 將窗格左邊的**否則**拖曳到右邊**如果**下方組合在一起

18 再按一下齒輪狀按鈕收合窗格

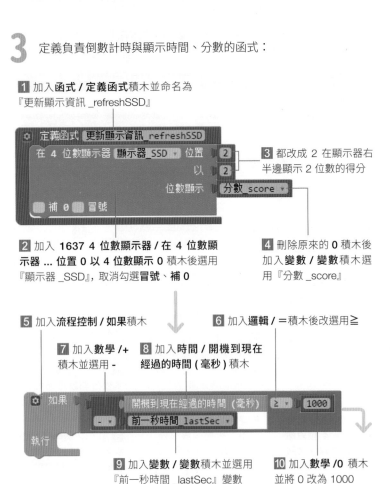

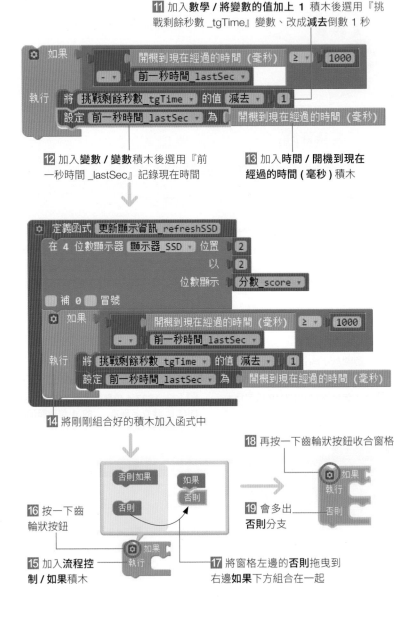

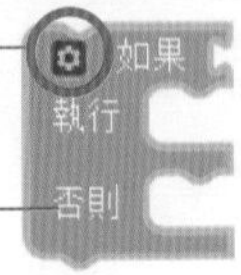
如果
執行
否則

19 會多出**否則**分支

否則分支內可以放入當**如果**的條件不成立時才會執行的積木，我們準備利用這個方式在遊戲剩下 10 秒鐘的時候以閃爍倒數時間的方式提示玩家遊戲已經快結束了。

1 加入**邏輯 / =**積木並改用 <

2 加入**變數 / 變數**積木後改選『挑戰剩餘秒數 _tgTime』

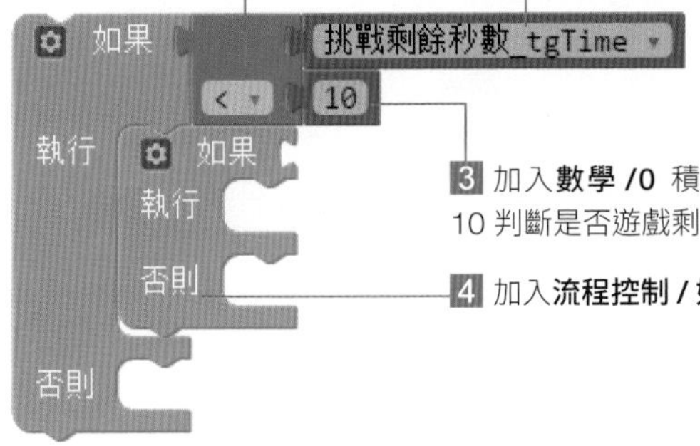

如果
挑戰剩餘秒數_tgTime
<
10
執行
如果
執行
否則
否則

3 加入**數學 /0** 積木後將 0 改為 10 判斷是否遊戲剩下不到 10 秒？

4 加入**流程控制 / 如果**積木並產生**否則**分支

7 加入**時間 / 開機到現在經過的時間 (毫秒)** 積木

5 加入**邏輯 / =** 積木後改選 <

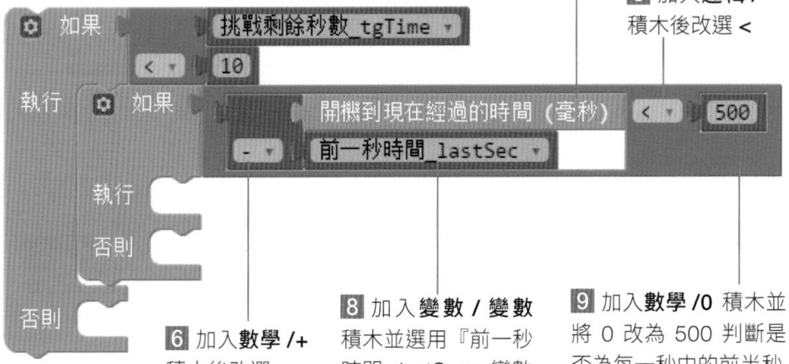

如果
挑戰剩餘秒數_tgTime
<
10
執行
如果
開機到現在經過的時間（毫秒）
<
500
-
前一秒時間_lastSec
執行
否則
否則

6 加入**數學 /+** 積木後改選 -

8 加入**變數 / 變數**積木並選用『前一秒時間 _lastSec』變數

9 加入**數學 /0** 積木並將 0 改為 500 判斷是否為每一秒中的前半秒

11 加入 **1637 4 位數顯示器 / 在 4 位數顯示器 ... 位置 0 以 4 位數顯示 0** 積木後選用『顯示器 _SSD』

10 加入 2 個 **1637 4 位數顯示器 / 清除 4 位數顯示器 ... 位置 0** 積木後選用『顯示器 _SSD』、將位置改為 0 與 1 清除左半邊顯示的秒數製造閃爍效果

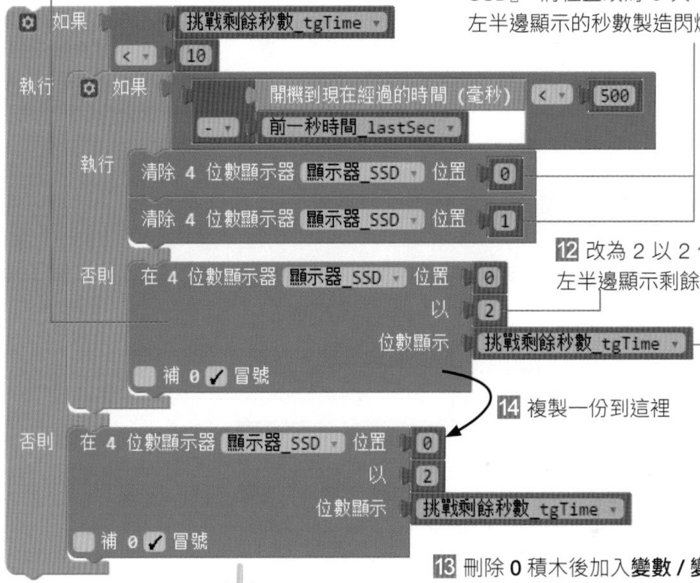

如果
挑戰剩餘秒數_tgTime
<
10
執行
如果
開機到現在經過的時間（毫秒）
<
500
-
前一秒時間_lastSec
執行
清除 4 位數顯示器 顯示器_SSD 位置 0
清除 4 位數顯示器 顯示器_SSD 位置 1
否則
在 4 位數顯示器 顯示器_SSD 位置 0
以 2
位數顯示 挑戰剩餘秒數_tgTime
補 0 冒號
否則
在 4 位數顯示器 顯示器_SSD 位置 0
以 2
位數顯示 挑戰剩餘秒數_tgTime
補 0 冒號

12 改為 2 以 2 位數在左半邊顯示剩餘秒數

14 複製一份到這裡

13 刪除 **0** 積木後加入**變數 / 變數**積木選用『挑戰剩餘秒數 _tgTime』

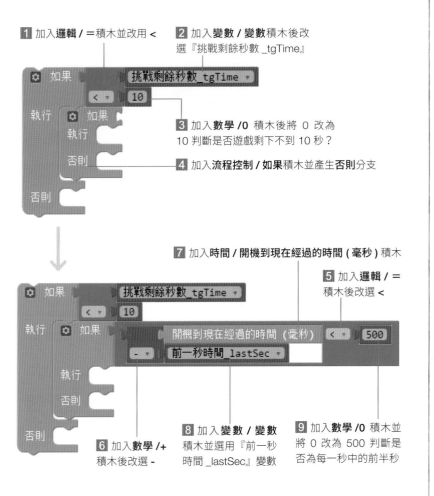

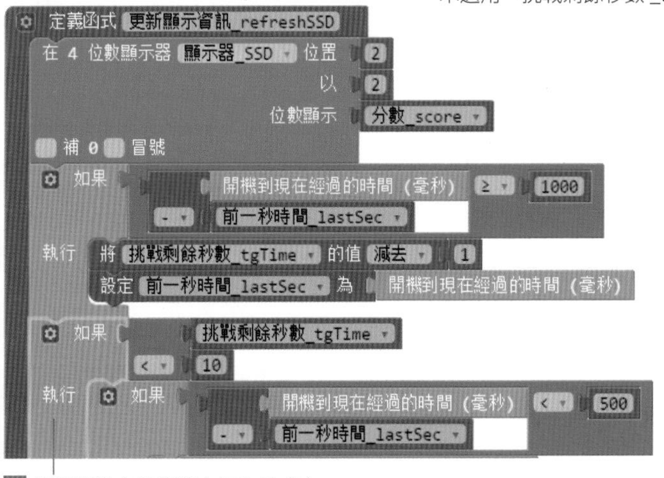

定義函式 更新顯示資訊_refreshSSD
在 4 位數顯示器 顯示器_SSD 位置 2
以 2
位數顯示 分數_score
補 0 冒號
如果
開機到現在經過的時間（毫秒）
≥
1000
-
前一秒時間_lastSec
執行
將 挑戰剩餘秒數_tgTime 的值 減去 1
設定 前一秒時間_lastSec 為 開機到現在經過的時間（毫秒）
如果
挑戰剩餘秒數_tgTime
<
10
執行
如果
開機到現在經過的時間（毫秒）
<
500
-
前一秒時間_lastSec

15 把剛剛組合好的積木加入函式中

4 定義遊戲時間結束時顯示成績的函式：

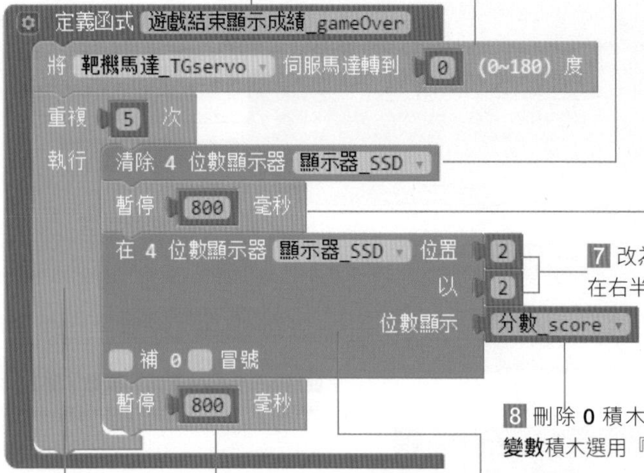
定義函式 遊戲結束顯示成績_gameOver
將 靶機馬達_TGservo 伺服馬達轉到 0 (0~180) 度
重複 5 次
執行
清除 4 位數顯示器 顯示器_SSD
暫停 800 毫秒
在 4 位數顯示器 顯示器_SSD 位置 2
以 2
位數顯示 分數_score
補 0 冒號
暫停 800 毫秒

1 加入**函式 / 定義函式**後取名為『遊戲結束顯示成績 _gameOver』

2 加入**馬達 / 將 ... 伺服馬達轉到 90 度**積木後選用『靶機伺服馬達 _TGservo』、改為 0 度轉下槍靶

3 加入**流程控制 / 重複 10 次**積木後改為 5 次

4 加入 **1637 4 位數顯示器 / 清除 4 位數顯示器**積木後選用『顯示器 _SSD』清除畫面製造閃爍效果

5 加入**時間 / 暫停 1000 毫秒**積木後改為 800

6 加入 **1637 4 位數顯示器 / 在 4 位數顯示器 ... 位置 0 以 4 位數顯示 0** 積木後選用『顯示器 _SSD』並取消勾選**補 0** 與**冒號**

7 改為 2 以 2 位數在右半邊顯示分數

8 刪除 0 積木後加入**變數 / 變數**積木選用『分數 _score』

9 加入**時間 / 暫停 1000 毫秒**積木後改為 800

5 由於本實驗的主程式與上一個實驗類似，請依照 Lab03 的步驟 2 完成**主程式 (不斷重複執行)** 如下：

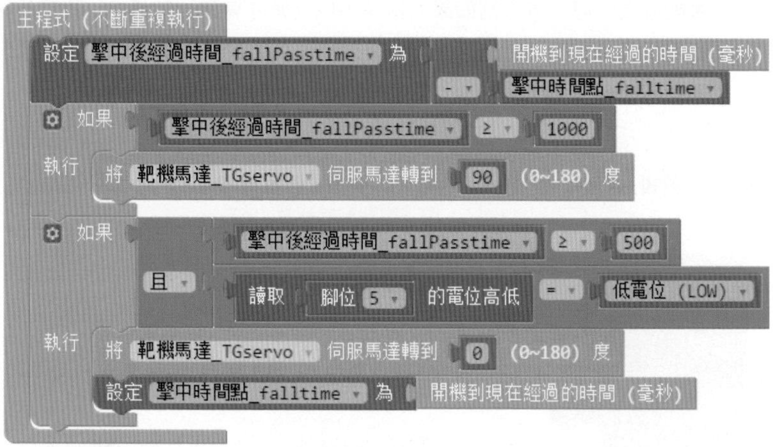
主程式（不斷重複執行）
設定 擊中後經過時間_fallPasstime 為 開機到現在經過的時間（毫秒）
- 擊中時間點_falltime
如果 擊中後經過時間_fallPasstime ≥ 1000
執行 將 靶機馬達_TGservo 伺服馬達轉到 90 (0~180) 度
如果 擊中後經過時間_fallPasstime ≥ 500
且
讀取 腳位 5 的電位高低 = 低電位 (LOW)
執行 將 靶機馬達_TGservo 伺服馬達轉到 0 (0~180) 度
設定 擊中時間點_falltime 為 開機到現在經過的時間（毫秒）

6 加入顯示計分及遞增分數的程式：

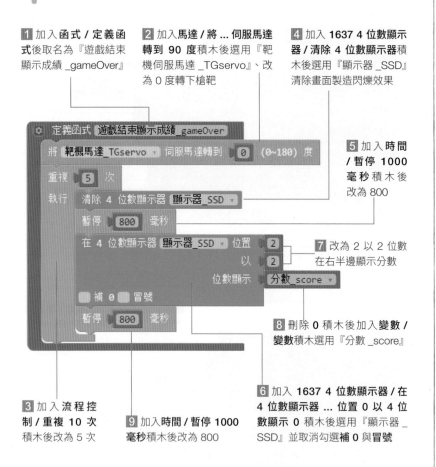

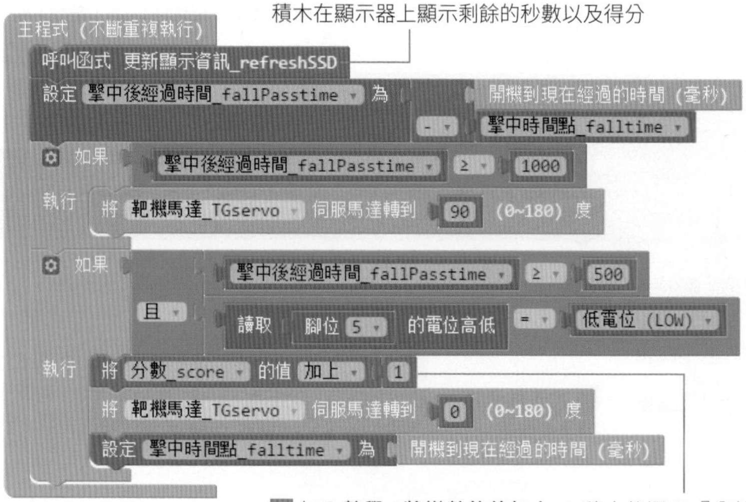
主程式（不斷重複執行）
呼叫函式 更新顯示資訊_refreshSSD
設定 擊中後經過時間_fallPasstime 為 開機到現在經過的時間（毫秒）
- 擊中時間點_falltime
如果 擊中後經過時間_fallPasstime ≥ 1000
執行 將 靶機馬達_TGservo 伺服馬達轉到 90 (0~180) 度
如果 擊中後經過時間_fallPasstime ≥ 500
且
讀取 腳位 5 的電位高低 = 低電位 (LOW)
執行 將 分數_score 的值 加上 1
將 靶機馬達_TGservo 伺服馬達轉到 0 (0~180) 度
設定 擊中時間點_falltime 為 開機到現在經過的時間（毫秒）

1 加入**函式 / 呼叫函式 更新顯示資訊 _refreshSSD** 積木在顯示器上顯示剩餘的秒數以及得分

2 加入**數學 / 將變數的值加上 1** 積木後選用『分數 _score』在雷射槍擊中靶心時遞增得分

7 檢查是否遊戲時間已經結束：

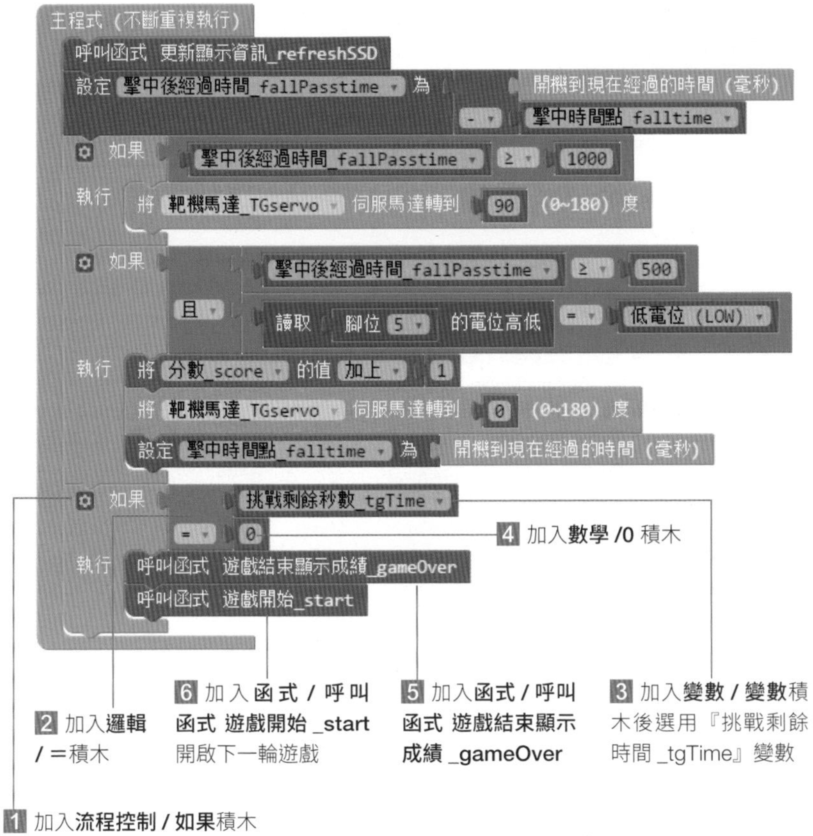
王程式（不斷重複執行）
呼叫函式 更新顯示資訊_refreshSSD
設定 擊中後經過時間_fallPasstime 為 開機到現在經過的時間（毫秒） - 擊中時間點_falltime
如果 擊中後經過時間_fallPasstime ≥ 1000
執行 將 靶機馬達_TGservo 伺服馬達轉到 90 (0~180) 度
如果 擊中後經過時間_fallPasstime ≥ 500
且
讀取 腳位 5 的電位高低 = 低電位 (LOW)
執行 將 分數_score 的值 加上 1
將 靶機馬達_TGservo 伺服馬達轉到 0 (0~180) 度
設定 擊中時間點_falltime 為 開機到現在經過的時間（毫秒）
如果 挑戰剩餘秒數_tgTime = 0
執行 呼叫函式 遊戲結束顯示成績_gameOver
呼叫函式 遊戲開始_start
4 加入數學 /0 積木
6 加入函式 / 呼叫函式 遊戲開始 _start 開啟下一輪遊戲
5 加入函式 / 呼叫函式 遊戲結束顯示成績 _gameOver
3 加入變數 / 變數積木後選用『挑戰剩餘時間 _tgTime』變數
2 加入邏輯 / =積木
1 加入流程控制 / 如果積木

上傳程式

上傳程式後即可開始緊張刺激的限時射擊遊戲。您也可以想看看如何修改程式，可以變成兩人對戰的模式，每人 30 秒鐘射擊時間，結束時還可以顯示兩人分數互相較勁！

MEMO

MEMO

記得到旗標創客・
自造者工作坊
粉絲專頁按『讚』

1. 建議您到「旗標創客・自造者工作坊」粉絲專頁按讚，有關旗標創客最新商品訊息、展示影片、旗標創客展覽活動或課程等相關資訊，都會在該粉絲專頁刊登一手消息。

2. 對於產品本身硬體組裝、實驗手冊內容、實驗程序、或是範例檔案下載等相關內容有不清楚的地方，都可以到粉絲專頁留下訊息，會有專業工程師為您服務。

3. 如果您沒有使用臉書，也可以到旗標網站 (www.flag.com.tw)，點選 聯絡我們 後，利用客服諮詢 mail 留下聯絡資料，並註明產品名稱、頁次及問題內容等資料，即會轉由專業工程師處理。

4. 有關旗標創客產品或是其他出版品，也歡迎到旗標購物網 (www.flag.tw/shop) 直接選購，不用出門也能長知識喔！

5. 大量訂購請洽

學生團體　訂購專線：(02)2396-3257 轉 362
　　　　　傳真專線：(02)2321-2545

經銷商　服務專線：(02)2396-3257 轉 331
　　　　將派專人拜訪
　　　　傳真專線：(02)2321-2545

國家圖書館出版品預行編目資料

FLAG'S創客.自造者工作坊：
夜市遊戲第一彈 - FL-X 雷射槍大亂鬥 /
施威銘研究室著. 臺北市：旗標, 2019.01 面；　公分

ISBN 978-986-312-586-0(平裝)

1.微電腦 2.電腦程式語言

471.516　　108000049

作　　者／施威銘研究室
發 行 所／旗標科技股份有限公司
　　　　　台北市杭州南路一段15-1號19樓
電　　話／(02)2396-3257(代表號)
傳　　真／(02)2321-2545
劃撥帳號／1332727-9
帳　　戶／旗標科技股份有限公司
監　　督／黃昕暐
執行企劃／黃昕暐
執行編輯／施雨亨
美術編輯／薛詩盈
插　　圖／薛榮貴
封面設計／古鴻杰
校　　對／黃昕暐・施雨亨

行政院新聞局核准登記-局版台業字第 4512 號

ISBN 978-986-312-586-0